植物分類学

伊藤元己 ――［著］

東京大学出版会

Introduction to Plant Systematics
Motomi ITO
University of Tokyo Press, 2013
ISBN 978-4-13-062221-9

はじめに

　20世紀後半の生物学は，1953年のワトソンとクリックによるDNAの2重らせん構造の決定に象徴される黎明期から，分子生物学がものすごい勢いで発達してきた．この時代は，おもに生命現象の共通原理を分子レベルで解明することを目指して，多くの研究が行われてきた．そして20世紀の第4四半世紀には，バイオテクノロジーの発展により，目的とする遺伝子の単離や配列決定が容易になった．その結果，分子生物学は生物学のさまざまな分野で幅広く使われる「技術」となり，生理学はもとより分類学や生態学においてもその技術が導入されていった．21世紀に入り，ヒトをはじめとした複数の生物種で全ゲノム配列が決定され，遺伝子間の相互作用などを対象とした生命システム研究としてのゲノム科学が誕生してきた．このような発展に対して，生物学のもう1つの重要な視点，すなわち「なぜさまざまな生物が存在し，その生き方も多様であるか」という生物の多様性という側面にも大きな興味が向けられることになってきている．

　このような生物学をはじめとした科学の発展と並行して，地球環境の劣化が国際的な問題として浮上してきた．いわゆる地球温暖化をはじめとした地球全体の気候変動と生物多様性の劣化である．生物多様性劣化の課題に関しては，1983年に国際的取り組みとして生物多様性条約が発効し，全世界で関心をもたれるようになってきた．このような背景の中，生物多様性に関する関心が高まってきている．生物の多様性に関する生物学の中心となる分野の1つは分類学である．分類学は，生物の多様性を認識し，認識された種に名前をつけて記載し，分類体系にまとめる学問であり，ほかの生物学分野の基盤となっている．博物学の重要な部分を継承してきた分類学は，このような生物学や社会を取り巻く環境の変化から，多様性生物学を支える学問分野として新たな再定義が必要であると考えている．

　本書は，植物における分類学がどのようなものであり，研究の現状がどのよ

うなものであるかを解説することを目的としたものである．この目的のため，第1章では分類学の概要とその基本的な方法を解説した．また，第2章では分類学の基本単位である種とその種の起源となる種分化についての解説を行った．第3章から第5章は，狭義の分類学が基本となった発展的な研究である系統学や生物地理学について，実際の研究を紹介しながら解説した．第6章は，分類学を情報学の側面から見た生物多様性情報学についての解説にあてた．この部分は，ほかにはあまりない本書の特徴ともいえる．

　本書は，植物分類学に興味をもつ学生を対象の中心として執筆したものである．しかし，ほかの生物学分野や環境科学など，生物多様性に関連した学問分野を目指す方々にも，植物分類学の現状を知り，それぞれの分野でその知識を役立てていただきたいと思っている．

目次

はじめに ………………………………………………………………………… i

1 分類学とはなにか――博物学からの旅立ち ………………………… 1
1.1 生物の多様性 ……………………………………………………… 1
(1) 区別と類型化 1　(2) 分類学・体系学・系統学 2
1.2 分類学の歴史 ……………………………………………………… 3
(1)「分ける」ことと「まとめる」こと 3
(2) アリストテレス 3　(3) リンネ 4
(4) ダーウィン以降――自然分類 5
1.3 分類学における生物の名前 …………………………………… 6
(1) 慣用名と学名 6　(2) 二名法 7
(3) 階層的分類 7　(4) 国際植物命名規約 8
(5) 植物命名規約と動物命名規約 9　(6) タイプ標本 11
1.4 分類の方法 ………………………………………………………… 12
(1) 種の認識 12　(2) 記載から体系へ 16
(3) 分類学論争――分岐分類学・進化分類学・数量分類学 17
Box-1　日本産 2 倍体タンポポの分類 14

2 種と種分化――分類学と進化生物学 ………………………………… 19
2.1 分類の基本単位 …………………………………………………… 19
2.2 種概念 ……………………………………………………………… 20
(1) 種の定義 20　(2) 生物学的種概念 20
(3) 生殖的隔離 20　(4) 植物における生殖的隔離の例 22
(5) ほかの種概念 23
2.3 種分化の様式 ……………………………………………………… 25
(1) 種の形成 25　(2) 異所的種分化・同所的種分化・側所的種分化 26
2.4 倍数体による種分化 …………………………………………… 28
(1) 倍数体 28　(2) 同質倍数体による種分化 29
(3) 異質倍数体（複 2 倍体）形成による種分化 30
(4) 倍数体複合体 36

2.5 栄養繁殖種と無融合生殖種 ……………………………………… 37
　(1)無性生殖 37　(2)タンポポ 38　(3)ヒガンバナ 40
2.6 適応放散 …………………………………………………………… 41
　(1)適応放散的種分化 41　(2)大洋島における適応放散 41
　(3)ハワイ諸島の銀剣草類の適応放散的種分化 42
　(4)小笠原諸島での適応放散的種分化 44

3│系統進化──分類学と系統学 ……………………………………… 50
3.1 系統進化と系統樹 ………………………………………………… 50
　(1)系統と系統樹 50　(2)系統樹 51
3.2 系統推定法──形態形質 ………………………………………… 52
　(1)相同 52　(2)分岐学 53
　(3)共有原始形質と共有派生形質 54
　(4)外群 56　(5)分岐図の作成法 57
　(6)分岐図の実例 58
3.3 分子系統学 ………………………………………………………… 59
　(1)分子情報の特徴 59　(2)遺伝子の相同性 61
3.4 分子系統樹の作成法 ……………………………………………… 63
　(1)塩基配列取得 65　(2)アライメント 65
　(3)系統解析法の選択 66　(4)系統樹の信頼度 69
Box-2 相同概念の歴史 53
Box-3 単系統群・側系統群・多系統群 55
Box-4 系統樹の数 64

4│被子植物の系統と分類体系 ………………………………………… 71
4.1 被子植物の分類体系の歴史 ……………………………………… 71
　(1)リンネの24網分類 71　(2)エングラー＆フッカーの体系 71
　(3)クロンキストの体系 73　(4)APG分類体系 74
4.2 分子系統解析により明らかになった被子植物の系統と進化 ……… 78
　(1)基部被子植物 78　(2)モクレン群 82
　(3)単子葉植物 82　(4)真正双子葉植物 83
　(5)真正双子葉植物の進化 84
　(6)残された問題──花の起源と原始的花形態 85
Box-5 ユリ科 76
Box-6 分解したゴマノハグサ科 77

5 系統地理学 …… 88

5.1 植物相と区系地理学 …… 88
(1)バイオームと植物相 88　(2)植物区系 90

5.2 植物系統地理学 …… 93
(1)系統地理学の方法 93　(2)北米と東アジアの植物 93
(3)ゴンドワナ植物群 96

Box-7 吉良の温量指数 89

6 分類学と情報学——生物多様性インフォマティクス …… 106

6.1 情報学としての分類学 …… 106
(1)植物標本庫——ハーバリウム 106　(2)検索表 108

6.2 学名とタクソン・コンセプト …… 110
(1)植物の名前 106　(2)タクソン・コンセプト 111
(3)スプリッターとランパー 114

6.3 DNAバーコード …… 116
(1)DNAバーコードとは 116
(2)DNAバーコーディングの特徴 118
(3)DNAバーコードの有用性 118
(4)DNAバーコードと分類学 120
(5)植物のDNAバーコーディング 122

6.4 分類学情報の統合 …… 122
(1)学名情報 123　(2)分布情報 124
(3)文献情報 129　(4)種情報 130
(5)メタデータ・データベース 131

Box-8 地球規模生物多様性情報機構 128
Box-9 マッシュアップ 131

おわりに …… 133
さらに学びたい人へ …… 135
引用文献 …… 137
索引 …… 143

1 分類学とはなにか
——博物学からの旅立ち

分類学とは，地球上の生物の多様性を認識し，認識された単位（通常は種）に名前をつけ，それぞれを階層的な分類体系にまとめていく生物学の分野である．ここでは，分類学の歴史とその手法について概観する．

1.1 生物の多様性

現在の地球は多様な生物で満ちあふれている．既知種，すなわち私たちが科学的に認識をして正式に学名がつけられている生物種は約180万種といわれている．しかし，実際はまだ名前がつけられていない生物および発見されていない生物などがこの地球上に多数いることはまちがいなく，その数は1千万種とも1億種とも推定されている．実際のところ，現在の地球上に存在する生物種がどれくらいの数になるかはよくわかっていない（表1-1）．

前述のように地球上の生物種は，既知種は180万という数であるが，このような数の生物種が漫然と羅列されていても，地球上の生物の全体像はよく理解できない．そのため，生物の世界を理解し，生物をさまざまな目的で扱うためには，生物を整理しておく必要がある．

(1) 区別と類型化

人類は昔から多様な生物を食料や原材料として利用してきた．そのためには

表1-1 生物種数の推定値．

出典	推定種数
IUCN, 2003	500–1000万種
Wolosz, 1988	3000–5000万種
Society for Conservation Biology, 26 May 2003	200万–1億種

http://hypertextbook.com/facts/2003/FelixNisimov.shtml

有用なものを認識し，よく似たほかのものと区別して識別する必要があった．たとえば，果実を食用とする場合，食べられるものと有毒のものが識別できないと命にかかわることになる．また，多数のものが存在する場合，それらをきちんと理解するためには類型化する必要があった．このように生活上の必要性のために区別と類型化，すなわち分類が行われてきた．

(2) 分類学・体系学・系統学

生物の多様性を認識する学問は，古くは「博物学」の中に位置し，自然物を対象とした幅広い分野であった．その後の自然科学の発展とともに，「博物学」の中の生物関連分野も細分化されていき，「分類学」「生態学」といった対象分野を限定した学問分野が確立されていった．一般に生物を認識し，名前をつけ，整理していく学問分野は分類学とよばれるが，現在は関連分野にさまざまな名称が使われているのでここで整理をしておく．

分類学

分類学 taxonomy は，生物の基本単位である種を認識して記載・命名し，さらにほかの種との関係を整理する学問として認識されている（狭義の分類学）．しかし，現在の日本では，分類学はもっと広い学問分野を指すことが多く，つぎに説明する体系学 systematics や場合によっては系統学 phylogenetics をも包含するような意味で使われることが多い（広義の分類学）．

体系学

体系学 systematics とは，基本的には既知の生物種の体系をつくりあげ，生物界の一般参照系の確立を目指す学問分野である．"systematics" は英語圏では "taxonomy" とは区別されて使われる用語であるが，日本では「分類学」と訳されることも多く，明確には区別されてこなかったのが現状である．「分類学 taxonomy」と区別するために「系統分類学」という訳が使われることがあるが，"systematics" は「系統学」そのものとも異なるうえ，現在では "phylogenetic taxonomy" や "phylogenetic systematics" などの用語もあり，この訳語を使うと混乱する危険がある．それゆえ本書では，"systematics" には体系学という語をあてることとする．

系統学

地球上の多様な生物は進化の結果生じたものである．その進化の道筋，すなわち系統を明らかにする学問分野は系統学 phylogenetics とよばれる．系統推定法に関しては第4章で解説する．

このように分類学関連の学問分野は分類が必要なほど多数の名称であふれているが，ほんとうに大切なことは生物の世界を正確に認識し理解することであろう．すなわち，さまざまな名前がついたものは生物の多様性をどのような側面からみるのか，あるいはどのような手法を使って理解しようとするのかの違いでしかない．したがって，個々の分野に境界線をつくる必要はまったくなく，生物多様性を理解する目的の新たな「博物学」としての「分類学」を目指すことが必要であろう．

1.2 分類学の歴史

(1) 「分ける」ことと「まとめる」こと

私たち人類は，外界のものを認知・識別する能力をもっている．生物のみでなく，ものを分類するときにも私たちは2つの判断基準，すなわち相違と類似を用いている．個々のものにはそれぞれ違いがある．もちろん大量生産される工業製品などは，見かけ上区別できないほど似ているが，誤差があり，さらに構成する分子は当然異なっている．そのため，「分ける」ことは究極的には個々がすべて別のものになってしまう．分類で重要なのは類似を探し出して「まとめる」ということである．

(2) アリストテレス

生物の体系的な分類を行ったのはおそらくアリストテレス（384BC–322BC）が最初である．アリストテレスは自然界を無生物，植物，動物，人間に分類した．また，種を不変のものと考え，生物の種間にある類似を認識していくと，単純なものから複雑な構造をもつ生物へと順に配列することが可能と考えた．これは後に「自然の階梯 *scala naturae*」とよばれるもので，アリストテレスは

図1-1 アリストテレスの自然の階梯の考え．
(*Rhetorica Christiana* より)

「自然は連続的に移りゆく」と考えた．この考えはアリストテレスの生物学の根本原則の1つである（図1-1）．

アリストテレスの考えは，種は神が創造したものであるという旧約聖書の創世に関する説明と一致しており，その後の科学者に大きな影響を与えてきた．後述のリンネをはじめとする18世紀の多くの科学者は，生物の環境に対する適応は神が特定の目的のためにデザインした証拠として解釈していた．

(3) リンネ

近代的な分類学のスタートは，分類学の父といわれているリンネ（Carolus Linnaeus, 1707-1778）からである．リンネはスウェーデンの生物学者であり，分類学の構築に大きな役割を果たした．

リンネは，その著書『自然の体系 *Systema Naturae*』（Linnaeus, 1758）において現在の分類学でもなお採用されている2つの大きな貢献を行った（図1-2）．1つめは，現在も一般的に使用されている二名法とよばれる学名の発案である．

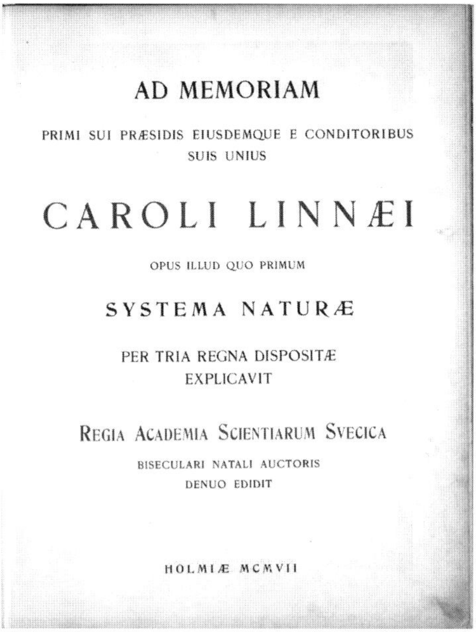
AD MEMORIAM

PRIMI SUI PRÆSIDIS EIUSDEMQUE E CONDITORIBUS
SUIS UNIUS

CAROLI LINNÆI

OPUS ILLUD QUO PRIMUM

SYSTEMA NATURÆ

PER TRIA REGNA DISPOSITÆ
EXPLICAVIT

REGIA ACADEMIA SCIENTIARUM SVECICA

BISECULARI NATALI AUCTORIS
DENUO EDIDIT

HOLMIÆ MCMVII

図1-2　リンネの著書 *Systema Naturae* の扉ページ．

もう1つは，階層構造をもった分類体系を構築したことである．これはアリストテレスの *scala naturae* に代表される直線的な分類体系とは異なり，これまでに知られていた動植物についての情報を整理して階層的な分類表をつくり，生物分類を体系化したものである．その際，それぞれの種の特徴を記述し，類似する生物との相違点を記した．これにより，近代的分類学がはじめて創始された．もちろんリンネの時代には生物の進化という概念はなく，種は不変であると考えられていた．そのため，被子植物の体系化に関しては，雄しべの本数というわかりやすい特徴で類型化を行った．リンネは「神のより大きな栄光のため」に生物の分類研究を行ったとされている．

(4) ダーウィン以降——自然分類

19世紀の後半にダーウィンが『種の起源』を出版し，進化論が一般に普及してゆくにつれ，分類学は生物の進化という考えに大きな影響を受けてきた．生物の分類体系も生物進化の道筋を反映したものを目指すようになる．いわゆる

自然分類である．一方，系統を反映していない分類体系は，「人為分類」とよばれている．

生物の進化が一般に受け入れられるようになった後は，分類体系を自然分類に近づけるような努力が続けられ，体系学 systematics が成立することとなった．Systematics が系統分類学とも邦訳されるのは，このような理由からでもある．

自然分類を行う前提として，系統関係が明らかになっている必要がある．しかし，20世紀後半に分子系統学が出現するまで，客観的な系統関係の推定は一般的に困難であった．また，かりに生物の系統関係がすべて明らかになったとしても，それを階層的な分類体系に反映させるにはさまざまな問題点がある．これは次節でみていくことにする．

1.3 分類学における生物の名前

分類学の基本は，生物の世界を観察し，似た個体が集まった「種」を規定して，もしまだ名前がなかったら新たに記載して名前をつけること，および，このようにして認識した種をさらに高次の分類体系に位置づけることである．ここでは，生物の名前と階層的な分類体系についてみていく．

(1) 慣用名と学名

私たちが日常の生活で使用している生物の名前は慣用名である．日本で使われる生物名は和名とよばれている．通常の会話では，たとえば桜や菊といった名前を使って不自由なく意味を伝えることができる．しかし，科学的議論の場合には，このような慣用名は混乱を引き起こすこともある．たとえば，桜という名前は実際には複数の種の集合を指している．さらに，慣用名の中には，生物の所属を正確に反映していないものが多い．たとえば，ランは一般的には被子植物のラン科植物を総称する名前であるが，マツバラン（シダ植物），サクララン（ガガイモ科）などのようにラン科植物とは異なった植物に＊＊ランという名前が使われている．国際的に生物種を正確に指し示し，正確な情報伝達を行う目的で，現在では学名が使われている．新たな生物に学名を与えることは分類学の重要な役割である．

学名は，国際的に決められた命名規約により規定されている（くわしくは命名規約の項を参照）．

(2) 二名法

現在使用されている学名は二名法とよばれ，リンネによって確立された後，今日まで使われている．二名法では，種の名前は 2 つの語で構成されている．はじめの部分は種が属する属 genus（複数形は genera）である．2 番目の部分は，属内の 1 種を指し示す種小名 species epithet である．

たとえばイネには *Oryza sativa* L. という学名が与えられている．最初の語は属名であり，イネがイネ属に分類されていることを示す．2 番目の *sativa* は種小名であり，イネという種を指すものである．3 番目につけられてる L. は Linnaeus の省略形であり，イネの学名の命名者を表す．ここではもちろんリンネのことである．

(3) 階層的分類

リンネは，種の名前の考案に加えて，分類学において重要な考え方，すなわち階層的な分類を導入した．この階層性の最初の部分は二名法の学名に組み込まれている．似たような特徴をもつ種は，同じ属に分類されている．たとえばアカマツ *Pinus densiflora* は，クロマツ *Pinus thunbergii*，ハイマツ *Pinus pumila* などが所属するマツ属 *Pinus* に分類される．属より上にも階層構造の分類階級が設けられている（図 1-3）．すなわち，関連した属をまとめたものを科 family とよぶ．上記のマツ属はマツ科に分類されている．いくつかの科をさらにまとめた階級は目 order とよばれる．さらに目は綱 class に，綱は門 phylum に，門は界 kingdom にまとめられる．最近では，さらに上位の階級としてドメイン domain も使われる．

どの階層の分類単位も分類群 taxon（複数形は taxa）とよばれる．たとえばマツ属 *Pinus* は属レベルの分類群である．そして裸子植物綱は綱レベルの分類群で，すべての裸子植物の目を含む．

種より下位の分類学的な階層も存在する．亜種は，種として区別するほどの大きな差異はないが，地理的に分化していたりする場合に使用される．

植物では，亜種より下位の種内階層として，変種や品種が使われることがあ

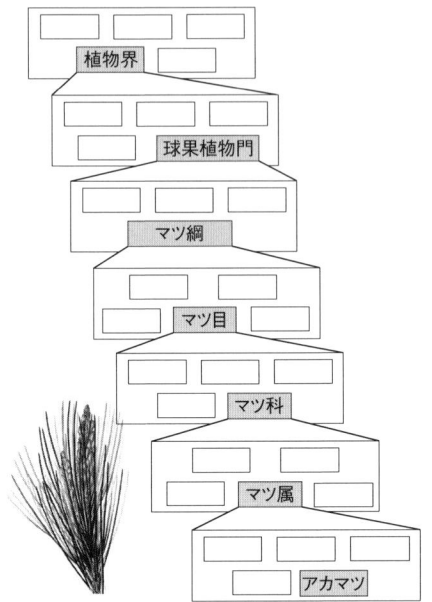

図 1-3 階層的分類．ここでは，アカマツの階層的分類を植物界から順に示している．

る．このような種内分類群をどのような場合に使い分けるかについては，明確な基準はない．

(4) 国際植物命名規約

それぞれの生物に使用する学名が世界中で混乱なく統一的に使われるようにするために，国際的なルール，すなわち命名規約が定められている．

植物の命名規約は，1906年の国際植物学会議で「ウィーン規約」が合意された国際植物命名規約（International Code of Botanical Nomenclature; ICBN）がそのはじまりである．当時は，細菌は植物に入れられていて，この国際植物命名規約に従って命名されていたが，1958年に細菌・ウィルスは別の規約に分離されて，現在は植物とは別に決められている．国際植物命名規約は，国際植物学会議のたびに規約の改正が行われ（最近では6年ごと），現在（2012年）では，2011年にメルボルンで合意された「メルボルン規約」が最新である．

国際植物命名規約には，植物の学名のつけ方，有効な名前の判定の仕方のルー

ルなどが記述されている．上記の二名法や，分類階層についても規約内に明記されている．命名規約で規定されている重要な点の1つは，1つの種に複数の名前（異名 synonym）がつけられているとき，どの名前を採用するかである．詳細は，実際の規約を参照しなければならないが，基本的には，有効に出版された名前でもっとも古いものを採用することになる．

ここで1つ触れておきたいことは，命名規約では学名の有効・無効などの学名を採用するかについての手続きを決めているのみで，それぞれの種やその他の分類群における分類学的判断とは無関係であるということである．この点については，第6章で再び触れる予定である．

(5) 植物命名規約と動物命名規約

植物でも動物でも，分類学そのものに関する方法論には大きな差異はない．また，生物の学名に関しても，どちらも基本的にはリンネ以来用いられているラテン語による二名法を使っている．しかし，命名規約は，動物と植物では独立してつくられてきたので，両者には異なる部分がある．

植物と動物，細菌では命名の規約が異なるため，学名に関していくつかの重要な違いが生じている．植物と動物のおもな差異は，表1-2に示してある．このように生物群により異なる命名規約が存在するため，深刻な問題が生じることがある．それはそれぞれの規約内では，もっとも古い有効な名前が正式な学名として認められるのであるが，規約が扱う範囲外の生物と名前が重複していても無効名とならないことである．たとえば，動物ですでに使われている学名を，新たに植物で命名しても有効な学名となってしまう．実際，植物と動物で

表1-2 植物命名規約と動物命名規約のおもな相違点．

	植物	動物
記載言語	ラテン語または英語	広く通用する言語
種より下の分類群	亜種より下位に変種・品種	亜種のみ
反復名	禁則	問題なし（*Pica pica* カササギなど）
種小名の語頭	人名・地方語名・かつての属名に直接由来する場合には大文字で書き始めてもよい	例外なく小文字
雑種	規定	規定していない
ウムラウト	ae, oe, ue	a, o, u

同じ属名や種名をもつ生物はいくつも存在している．もちろん，通常は命名者を明記した形で使えば両者は区別できるが，命名者は省略されることが多いので，混乱を生じる（同一の命名者が動物と植物で同じ名前をつけたら区別できない）．有名な実例として，*Pieris* は植物ではツツジ科のアセビ属の属名であるが，同じ名前が動物ではシロチョウ科のモンシロチョウ属の名前に使われている．アセビの学名は *Pieris japonica* (Thunb.) D. Don ex G. Don である．同じ属名，種小名の組み合せでモンシロチョウを表す *Pieris japonica* Shirozu がある（現在は *Pieris rapae*）．アセビにモンシロチョウが訪花していたことを学名で記述するとわけのわからないことになる．

　以下に植物と動物の命名規約での差異の代表的な例を示す．

記載言語の違い

　新種を記載するときに植物と動物でもっとも大きな違いは，植物では必ず判別文 diagnotis をラテン語か英語で書かなければ有効にならないことであろう．以前はラテン語のみが有効であったが，2012 年より英語も認められるように大きな改訂が行われた．動物では，ラテン語による記述は廃止され，何語で記述してもよいことになっている．どちらの方法も一長一短があるが，動物では，たとえば日本語で記載されても有効になり，日本語を読めない外国の研究者にとっては迷惑になる．

下位分類群の取り扱い

　動物では，種より下の分類群は亜種 subspecies (subsp.) のみを使うことができる．そのため，亜種まで指定して学名を用いるときには三名法が使われ，たんに 3 つの単語を並べればよい．これに対して，植物では亜種に加え，変種 variety (var.) や品種 forma (f.) などの亜種より下の階級の種内分類群の使用が許されている．そのため，階級を明示したいときには subsp. や var. などの階級を示す語を加える．なお，植物では，異なるタイプにもとづくときには亜種以下の階級に同じ語を使うことができないので，三名法でも 1 つの名前を特定可能であるが，実際の使用では *Viola brevistipulata* (Franch. et Sav.) W. Becker subsp. *hidakana* (Nakai) S. Watan. var. *yezoana* Toyok. ex H. Nakai, H. Igarashi et H. Ohashi f. *glabra* S. Watan. (トカチキスミレ) のようにすべての階級が書

かれる場合が多い．この例では，*Viola brevistipulata* (Franch. et Sav.) W. Becker f. *glabra* S. Watan. で十分である．

(6) タイプ標本

学名のもととなっている標本はタイプ標本とよばれている（図1-4）．学名は種の名前を表すものであるが，命名規約上では，1つの学名はただ1つの標本について与えられたものであり，その標本はホロタイプ holotype（正基準標本）とよばれている．植物では，同一個体（あるいはクローン個体）から複数の標本が採られることがあり，そのような標本は重複標本とよばれる．ホロタイプの重複標本はアイソタイプ isotype（副基準標本）とよばれる（表1-3）．

命名規約によりホロタイプの指定が明示される以前につけられた学名，あるいはホロタイプが失われた場合には，新たにタイプ標本を指定して学名の基準となる標本を示す必要がある．このようにして指定されたホロタイプと同等の役割を果たす標本は，レクトタイプ lectotype（選定基準標本）とよばれる．レ

図1-4　タイプ標本の例．右の個体がコヘラナレンのタイプである．（東京大学植物標本庫 TI 蔵）

表 1-3 タイプ標本の種類.

名称		内容
ホロタイプ holotype	正基準標本	命名者が命名法上のタイプとして指定した標本.
アイソタイプ isotype	副基準標本	ホロタイプの重複標本.
シンタイプ syntype	等価基準標本	命名者がホロタイプを指定せずに複数の標本を引用した場合,そのすべての標本.
レクトタイプ lectotype	選定基準標本	命名者がホロタイプを指定しなかったか,またはホロタイプが失われた場合に,ホロタイプの代わりに選定された標本.
パラタイプ paratype	従基準標本	ホロタイプが指定されている場合,原著論文に引用されている残りの標本.
ネオタイプ neotype	新基準標本	ホロタイプもアイソタイプもシンタイプも失われた場合,新たに指定したタイプ標本.

クトタイプの指定には,アイソタイプがあればその中の1枚を選ぶ.アイソタイプがなく,シンタイプ syntype(等価基準標本)が存在するなら,その中から1枚の標本を選定する.もし,それもない場合は,新たに指定したネオタイプ neotype(新基準標本)とよばれるタイプ標本を指定する.各タイプ標本については表 1-3 にまとめてある.

1.4 分類の方法

(1) 種の認識

 分類の第一歩は,分類群の認識であり,通常は,分類群の中でもっとも基本的とされている種の認識から始まる.「種」の認識には,さまざまな議論があり,種の定義など,くわしくは第 2 章でみていくことにする.ここでは従来行われてきた形態による種の認識についてみていく.
 たくさんの人が集まっているところで,まわりを見回してみると,同じ顔をした人はいないことに気づくはずである.人間だけでなく,多くの生物には,個体間に変異がある.変異は,生物のもつさまざまな特徴にみられ,その個々の特徴は形質とよばれる.形態的な特徴だけでなく,生態的,生理的あるいは分子的特徴も同じく形質とよばれる.
 類似した生物の個体を集めていくと,多様な形質に変異があるのに気づく.

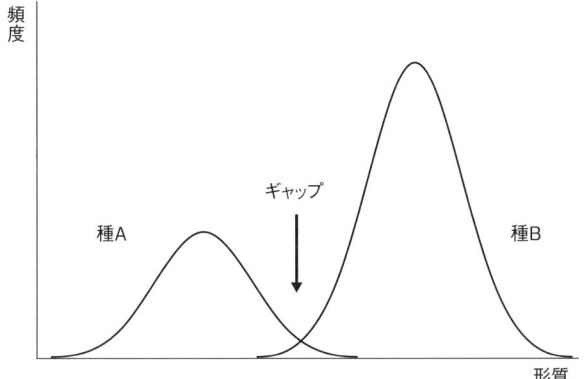
図1-5 変異．種Aと種Bのある形質における変異のギャップを示す．

変異の中には，たとえば花の色が白か赤かのように質的な形質と，花弁の大きさや葉の長さなど連続的に変化する量的形質がある．形態による種の認識は，このような個体間の多様な変異の実態を把握し，全体集合の中に，異質な複数の群が含まれているかどうかを判断することになる．すなわち，形質変異の分布にギャップがあるかをみていくことになるが，たんに1つの形質のみではなく，複数の形質において相関のあるギャップが存在するかが重要である（図1-5）．基本的には，さまざまな形質の変異を総合的に判断して，不連続性が認められたら，それぞれを独立種として扱うことになる（Box-1参照）．

　実際の研究においては，研究者自身の野外観察や採集した標本だけでなく，各地の標本庫に収蔵されている標本を比較検討することになる（標本庫に関しては6.1（1）を参照）．とくに，同属と判断されている種の標本とは念入りに比較し，既存種に含まれてしまうものではないかを慎重に検討する必要がある．

　植物図鑑などをみると，似た植物との区別点として，少数の特徴が取り上げられていることがある．また，新種記載や，検索表でも代表的な特徴が記述されている．これらは，識別形質とよばれるものであり，近縁種との区別のため，とくに取り上げた形質である．しかし，一般的に種の認識をするときには，たんに少数の識別形質のみで判断するのではなく，多数の形質の変異を総合評価することにより行う．

　さて，同属の既知種との比較で，これまで知られている種とは異なる種であるという結論になったら，新種として記載を行うことになる．

Box-1　日本産2倍体タンポポの分類

　日本には，約15種のタンポポ属自生種が生育しているが，有性生殖を行う2倍体は，おもに高山帯に分布する群と，おもに低地に分布する群に分かれる．低地に分布する種は，本州以南に広くみられるが，変異が大きく，種分類がむずかしいことが知られていた．北村ら (1957) では，おもに総ほう片の形態から5種ほ

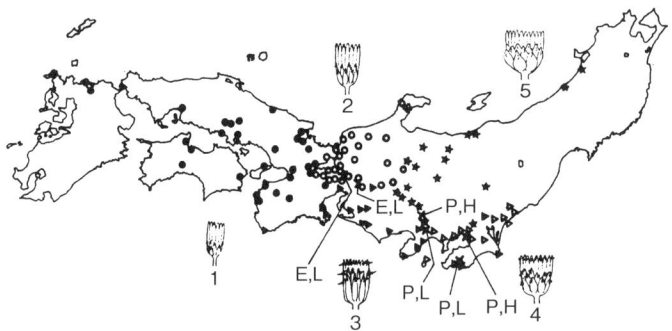

図 B1-1　日本産低地性タンポポの分布．2倍体5種の引用標本の産地と，それらの典型的な総ほう片の形．×：2種の引用標本が重複する産地．カンサイタンポポ (1, ●)，セイタカタンポポ (2, ○, E)，トウカイタンポポ (3, ▲, L)，カントウタンポポ (4, △, P)，エゾタンポポ (5, ★, H)．(森田, 1978 より)

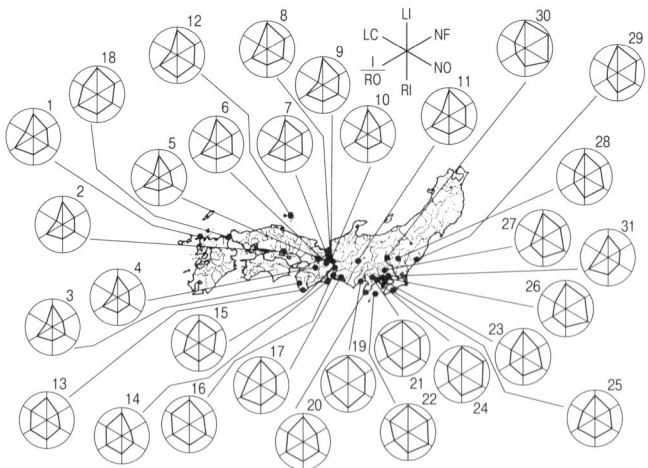

図 B1-2　日本産低地性タンポポの総ほう片の変異．各ポリグラフは，各地方集団における平均値によって示されている．各ほう片と円との交点はつぎの値を示し，円の中心は0である．LI: 20 mm, NF: 170, NO: 25, RI: 100, 1/RO: 0.04, LC: 4.0 mm．(森田, 1978 より)

どに分けていた（図 B1-1）．森田（1978）は，総ほう片の変異をくわしく解析した結果，西日本を中心に分布するカンサイタンポポ以外は，総ほう片の形態変異は連続し，種として分けるほどの形質変異のギャップはみられないと結論した（図 B1-2）．これにもとづき，日本産の低地性2倍体タンポポは2種とし，カンサイタンポポ以外は，カントウタンポポの亜種あるいは変種として1種であるという分類にしている（Morita, 1995）．

新種記載は，原則的には国際植物命名規約に則って行うこととなるので，最新の規約を確認することをお勧めする．命名規約に合わない新種記載は有効名にならないので，注意が必要である．

新種記載の例は，図 1-6 を参照してほしいが，基本的要素として，学名，判

1. **Boesenbergia imbakensis** S. Sakai & Nagam., **sp. nov.** (Figs. 1, 2)

学名：Boesenbergia　が属名，imbakensisは種小名，S. Sakai & Nagam.は学名の命名者である．sp. nov. はラテン語で新種を表す．

Haec species *B. burttianae* caulibus multifoliatis antherae thecae rimis dehiscentibus similis, sed laminis polis lanceolatis quam linearibus et foliis non flabellatis dispositis differt.

判別文：本種をほかの種から識別する記述である．この例ではラテン語で記述されているが，現在は，英語での記述も認められている．

Typus. MALAYSIA. Sabah, from Camp E (Imbak Scientific Expedition Base Camp) upstream, Imbak Canyon, Kinabatangan, ca. 160 m alt., lowland tropical forest, 05°06.829′N, 116°57.605′E, petals white, staminode white, labellum white with yellow central line and a red blotch at the base, *Nagamasu 7235* (holo- KYO; iso- SAN).

タイプ標本：学名が与えられた基準標本を示す必要がある．ここではホロタイプはKYO（京都大学）に，アイソタイプはSAN（サンダカン）に保存されていることがわかる．

Herbaceous plant up to 30 cm tall, fertile shoot ca. 4-leaved; bladeless sheaths 0–2, papery, much shorter than sheaths with lamina; leaf sheaths papery, glabrous, margin membranous; lamina 11–16 by 3–4 cm, lanceolate to oblanceolate, plain green, glabrous on both surfaces; apex slightly acuminate; petiole 4–7.5 cm, glabrous; ligule membranous, glabrous, ca. 1 cm long, entire, triangular. *Inflorescence* terminal, with 4–7 flowers arranged in one-sided spiral; outermost sterile bract 4–6 by ca. 1.3 cm, coriaceous, ob-
... both surfaces, apex acuminate;
... ing by slits, glabrous, ...
brous, entire or slightly obtuse; ovary ca. 4 mm high, unilocular with ca. 6 ovules, glabrous; epigynous gland ca. 7 mm, in two parts, linear. *Capsules* unknown.

種の特徴の記述：この種についての詳細な記述である．判別文があれば，この部分の記述はなくても命名規約上はよいが，正確に新種の情報を伝えるためには，必要である．判別文をラテン語で記述しなければならなかった時代には，判別文は短くし，英語で詳細な記述がされているものが多かった．

Other specimen examined. MALAYSIA. **Sabah.** From Camp E (Imbak Scientific Expedition Base Camp) upstream, Imbak Canyon, Kinabatangan, ca. 160 m alt., lowland tropical forest, 05°06.829′N, 116°57.605′E, petals white, staminode white, labellum white with yellow central line and a red blotch at the base, *Nagamasu 7232* (KYO).

本種に属するほかの標本の引用

図 1-6　新種記載論文の例．ボルネオ島産のショウガ科の新種 *Boesenbergia imbakensis* の記載文．（Sakai and Nagamasu, 2009 より）

別文，タイプ標本の指定が必要であり，たんに学名のみを載せても有効な出版にはならない．また，判別文とは別に詳細な種の特徴の記載や図，タイプ標本以外の標本の引用が付加されている例も多い．

このような記載論文をどこで発表するかも重要である．くわしくは，命名規約の有効出版の項を参照していただきたいが，原則的には，国際的に流通している学術雑誌や単行本に載せる必要がある．また，最近では電子出版での発表も検討されているが，現時点では電子版のみの出版は有効になっていない．

(2) 記載から体系へ

狭義の分類学においても，種を認識し，新たなものであれば学名をつけて記載するだけで研究が終わるというわけではない．分類学のもう1つの重要な役割は，ほかの生物との関係が明確になるように整理する，すなわち分類体系に組み込むことである．

分類体系とは，ある基準に則って類似した生物をまとめていき，最終的には多数の生物を階層的な構造に配置したものである．人間の認識・記憶能力には限界があるため，このような分類体系は，生物界を理解するのに役立つ．植物の本格的な分類体系は，前述のようにリンネの時代から始まっていて，リンネにより導入された階層的分類は，基本的にはそのまま現在まで使い続けられている．

では，実際の体系化作業はどのようにして行われているのであろうか．階層的分類の項で述べたように，現在の分類体系では，基本的な分類群は，界，門，綱，目，科，属，種という階級をとる．また，科や属の下位として亜科や亜属などの分類階級もしばしば用いられる．種以下の分類群は，植物では，亜種，変種，品種という階級が設定されている．

種より上位の分類階級をどのように決めていくかについては，定まった決まりがないのが現状である．基本的には，近縁な種をまとめて属を認めていくのであるが，どの範囲までを1つの属にするかについては意見が分かれる場合がある．多くの場合は，同じ科のほかの属とのバランスで属の範囲が決定される．たとえば，サクラ属では，伝統的に *Prunus* という属名が使われてきたが，東洋のサクラ類を含んだ *Prunus* は，ほかのバラ科の属と比較して大きすぎるため，いくつかの属に細分化するという意見がある（たとえばOhba, 2001）．そ

の際，*Prunus* 属のタイプ種はプルーン（セイヨウスモモ）であるため，東洋に分布するサクラ属は *Cerasusu* という属名が採用される．

　属以上についても同様であり，一般的に同じ階級（たとえば科）であっても，その中に含まれる植物群が同じような多様性をもっているわけではなく，しばしば研究者により定義が異なっている．現在では，それぞれの分類群が，可能な限り単系統群になるように配慮して，分類体系の階層をつくりあげるのが一般的となっている．

(3) 分類学論争──分岐分類学・進化分類学・数量分類学

　認識された分類群をどのようにして体系化するかについては，さまざまな方法が提案されてきた．20世紀半ばには，これらの生物の分類方法に関して大規模な論争が行われた．これは，高次分類群をどのようにして認めていくかについての哲学的な相違である．ここでは，それぞれを簡単に紹介するにとどめる．歴史的な考察を含めて，くわしくは三中（1997）を参照のこと．

分岐分類学

　分岐分類学 cladistics は，ドイツの昆虫学者ヘニッヒ Willi Hennig により提唱された分類学の手法である（Hennig, 1950）．

　従来の分類学においては，ある形質を表徴形質として取り上げて分類の基準にすることが多く行われてきた．系統関係の推定も同様に行われ，重要視する形質により異なる結果が生じることがあった．そのため，このような一部の形質を恣意的に取り上げるのは科学的でないという批判がある．ヘニッヒはできるだけ客観性を保つため，多数の形質を重み付けせずに用い，系統関係を明らかにする方法として分岐学と称される方法論を考えた．

　分岐学については第3章でくわしく解説するが，解析に用いる形質の進化方向を決めて，新たに獲得された形質で分類群をまとめていくという方法である．この分岐学的方法により推定された系統関係にもとづいて分類体系をつくりあげるのが分岐分類学である．

　分岐分類学において認められる分類群は，単系統群（Box-3 参照）に限られる．すなわち，ある共通祖先から起源した子孫種のすべてを含む必要がある．よく知られた例では，脊椎動物において，鳥類は爬虫類に属する一系統群から

進化してきたことが明らかになっている．そのため，爬虫類と鳥類を同じ階級の分類群とすると，爬虫類は単系統群ではなくなるので，このような分類体系は分岐分類学では認めることができない．同様に，被子植物において，単子葉植物は双子葉植物の一系統から進化した群であるため，単子葉植物と双子葉植物を同じレベルに置く分類体系は分岐分類学では否定される．

進化分類学

分岐分類学では，分類群は単系統群でなければならない．上記のように，爬虫類と鳥類を同じ階級の分類群としては認めることができない．

進化分類学 evolutionary taxonomy は，系統関係と重要形質の類似性との両方にもとづいて分類する．そのため，前肢が羽となり羽毛をもち，空を飛ぶ能力の獲得という重要な適応がある場合には，側系統群（Box-3 参照）であっても分類群として認めるという立場である．

進化分類学は系統進化のパターンを考慮する一方で，伝統的な表現型の類似性による分類群も認めている．そのため，分岐分類学の伝統的分類学への批判，「派生形質を恣意的に選ぶことになる」と同様な問題点がある．

数量分類学

数量分類学 numerical taxonomy は表形学 phenetics ともよばれ，1950 年代の後半に発達した方法論で，分類対象群（OTUs；Operational Taxonomical Units）の形質を数値化し，多変量データとして距離の近いものをまとめていくというクラスター分析の手法をとる．

このような手法を用いたのは，従来の分類学が客観的，科学的でないと批判されたためであり，数量分類学はそれに代わる方法として提案された．具体的には，形態や生化学的性質といった形質を多数比較して，生物種間の距離を求め，クラスタリングを行う．この際に特定の形質だけを重視すること（つまり，重み付け）はしない．大量の変数の測定結果から，それを 2-3 次元のグラフに表現し直す方法が用いられる．これは生物が示す多様性を整理して，人間が直接扱えるレベルにするにはよい方法であるが，このような整理によって多くの情報の損失が避けられない．

2 種と種分化
——分類学と進化生物学

　第1章でみてきたように，生物の分類においては一般的に種を単位としている．それでは，この種とはどのようなものであろうか．

2.1 分類の基本単位

　私たちが生物を認識するときの最小単位は個体である．植物ではしばしば個体という概念がなじまないような場合もあるが，種は似た性質をもった個体の集まりであるということは問題がないであろう．

　種に対し，ある特定の場所における同種個体の集合は，地域集団，あるいはたんに集団とよばれる．同様な単位に対して，生態学では個体群という用語が使われることがある．これらの用語は，おたがいに相互作用をする同種個体の集合を指すが，とくに，交配の可能性がある個体の集まり，すなわち同一の遺伝子プールを共有している個体の集まりを意味する．生物の進化は，微視的には遺伝子プールにおける遺伝子頻度の変化を意味するので，この集団というものが，実際に進化が起きる単位ということがいえるかもしれない．しかし，これはあくまでも，理論上の同一遺伝子プールを共有するという前提にもとづくものである．実際には，個体の分布がある程度連続するため，野外でどの範囲の同一種個体が遺伝子プールを共有しているかを決定することはたいへんむずかしい．また，一見，分布が不連続にみえても，遺伝的な交流が起きている場合もある．

2.2 種概念

(1) 種の定義

　私たちは古くから生物の種を類似・相違によって認識してきた．すなわち，人間が認識できる形態のギャップにより判断してきた．しかし，生物の種のとらえ方は生物学の発達とともに変化しており，これまでにさまざまな「種概念」が提唱されてきた．生物学，とくに遺伝学や生態学の発達とともに，種の定義に生物学的な意義を求めた種概念が登場してきたのは20世紀に入ってからである．提案された多数の種概念の中で，現在，もっとも一般的に普及しているのは生物学的種概念とよばれるものである．

(2) 生物学的種概念

　生物学的種概念 biological species concept は，1942年にマイヤー Ernst Mayr によって提唱されたものである (Mayr, 1942)．この種概念では，種を「自然界で，相互交配により生存可能な繁殖力のある子どもをつくることができるが，ほかの集団の構成員との間ではできない集団あるいは集団群」と定義している．この生物学的種の構成員は，少なくとも潜在的な交配可能性によって結ばれている．すなわち，生物学的種概念は，交配可能性 (遺伝子プールの共有) ということに重点を置いている．しかし，それはすべての生物種に適用可能な種概念ではない．たとえば，無性生殖をする生物や，化石のみで知られている生物などには，原理上適用することができない．また，実際に対象生物の個体間の交配が可能かどうかを検証するのも容易ではない．これらの生物学的種概念の欠点や便宜性のため，実際には後で述べるようなほかの種概念もあわせて使われているのである．

(3) 生殖的隔離

　生物学的種概念においては，種は交配可能性にもとづいて区分される．これは異なる種の間には，生存可能な繁殖力のある交雑個体が生じるのを妨げる機構，すなわち生殖的隔離 reproductive isolation が存在することが前提となっている．生殖的隔離には以下に述べるように多数のものが知られるが，どれか1

表 2-1 生殖的隔離.

生殖的隔離の種類				特徴
受精前隔離				
	異所的集団間			
		地理的隔離		生息する場所が異なるため出会うことがない
	同所的集団間			
		生育環境隔離		同じ地域に生息するが，異なる環境にすむため出会わない
		時間的隔離		同じ地域に生息するが，異なる時間で行動するため出会わない
		行動的隔離		出会っても交配誘因の行動が異なるため交配が試みられない
		機械的隔離		交配を試みても形態的差異により交雑が妨げられる
		配偶子隔離		配偶子が適合せず，受精しない
受精後隔離				
		雑種致死		交雑により生じた雑種が正常に発生せず死に至る
		雑種不妊		交雑により生じた雑種は生存能力はもつが，不妊である
		雑種崩壊		雑種第 1 代は生存能力，繁殖力をもつが次世代の生存能力が劣るか，不妊になる

つの障壁のみでは，種間でのすべての遺伝的交換を止めることはできない場合が多い．実際にはいくつもの障壁の組み合せにより，種の遺伝子プールは効果的に隔離されている（表 2-1）．

　生殖的隔離は，その現象が起きるのが受精（配偶子の接合）より前か後かにより分類されている．受精前障壁 prezygotic barriers は，種間の交配自体を妨げるか，あるいは異なる種が交配しようとしたときに卵の受精を妨げるものである．これに対し受精後障壁 postzygotic barriers は，受精が起きた後に雑種受精卵の発生を妨げたり，生存力と繁殖力のある成体に成長する過程を妨げたりするものである．

　植物では種間の交雑でできた子孫が雑種不稔になっても，長期間にわたり，栄養繁殖で個体が存続することがしばしば起こる．このような雑種個体に，染色体が倍加するような突然変異が生じると，倍数体化して再び稔性を回復して有性生殖が可能になる例が多く知られている（2.4 節を参照）．このようにして生じた異質倍数体は，両親種と交雑することができず，新しい生物学的種となる．

(4) 植物における生殖的隔離の例

一般的に，動物に比べ植物においては種間における受精後の生殖的隔離が弱く，近縁種が交配してしまうと雑種が生じることがよくみられる．そのため，同一地域に近縁種が分布しているときには受精前隔離機構が働いている例が多くみられる．

受精前隔離の例としてキスゲがあげられる．キスゲ属には大きく分けると昼咲きの種と夜咲きの種がある．昼咲きの複数種，あるいは夜咲きの複数種が1カ所に生育していることはほとんどないが，昼咲きと夜咲きの種は，しばしば近接して生育している（ただし，3倍体で不稔のヤブカンゾウは例外）．昼咲きの種の多くはオレンジ色から赤色の花をつけ，チョウ類やハチ類が花粉を運ぶ．一方，夜咲きの種は淡黄色で強い芳香をもつ花をつけ，おもにガ類が送粉者として機能している．このような開花時間の違いと送粉者の違いが受精前隔離機構（時間的隔離）として働いているのである（図2-1）．

図2-1　キスゲ属の昼咲き種と夜咲き種．左：昼咲きのハマカンゾウ（新田梢博士提供），右：夜咲きのキスゲ．

キスゲ属では，近くに生育している昼咲きの種と夜咲きの種は，おもに開花時間の違いという受精前隔離機構により生殖的隔離が行われている．しかし，くもりや雨の日には夜咲きの花の開花が早まるなど，開花時間は厳密に決まっていないため，この機構のみでの生殖的隔離は不十分と思われる．キスゲ属では，人工的に交配をすれば，ほとんどの種間で雑種を得ることができる．実際，野外で夜咲きの種と昼咲きの種との雑種はしばしばみられ，ときには親種との戻し交雑が進むことによるイントログレッションが起きていることもある（通常，昼咲きと夜咲きの種の雑種 F_1 は，昼咲きになる）．それでもなお，昼咲きと夜咲きの種が完全に混じり合ってしまわないのは，おそらく，交雑個体の適応度が低下するなどの受精後隔離といった，開花時間以外の隔離機構が同時に作用しているためと思われる．

植物における受精後隔離機構のわかりやすい例は，近縁2倍体種と4倍体種の隔離であろう．この章の2.4節で実例を紹介するが，交雑の結果生じる3倍体では，正常な減数分裂が妨げられることで花粉や卵が異常となるため不稔となる．

(5) ほかの種概念

生殖的隔離を重視した生物学的種概念は，種という単位のもつ意味をはっきりさせたものであるが，原理上この種概念が適応不可能な対象もある．たとえば，化石では交配可能性を検証することが不可能である．また，原核生物や無性生殖を行う種では，そもそも生殖的隔離の有無を評価することができない．さらに，実際に生殖的隔離の有無を調べるにはたいへんな労力が必要なため，この概念が有効にあてはめられた種の数は限られている．このような理由から，状況に応じて異なる代替の種概念が用いられることがある．

形態学的種概念

生物の個体間にみられる形態の不連続性によって区切られた実体を種とみなす考え方で，分類学者が実際に種を認識する際に用いている基準である．種はほかの種と区別する特徴的な形質で定義され，その形質を表徴形質とよぶ．無性生殖と有性生殖の両者に適用でき，遺伝的流動の程度についての情報がなくても適用可能であることが有利な点で，実際，多くの科学者はこの種概念を使っ

て種の識別をしている．実際の分類に容易に用いることのできる実用的な基準であるが，どの形質を用いるのがよいかを客観的に設定できないことや，種内多型の存在など問題点が多く指摘されている．

進化学的種概念

類似の集団とは異なる独自性を維持し，独自の進化傾向と歴史をもつ，単一の祖先に由来する子孫集団の集合を種とする種概念．生物学的種概念におけるさまざまな問題点，たとえば無性生殖種や離れた場所での種分化などを回避することが可能な種概念である．ただし，実際の種の規定には，進化傾向に独自性があるという判断が必要な点で主観的になりやすい．

系統学的種概念

種をある形質で特徴づけが可能な最小単位の単系統群とする種概念である．この種概念では，種に集団の歴史における単系統性を要求する．しかし，特徴づけが可能な最小単位とはどのような実体であるかを定義することがむずかしいなど，問題点も多く残されている．

生態学的種概念

種を生物社会での役割である生態的地位の観点からみる種概念．たとえば，ガラパゴスの2種のフィンチは外観が似ていても，なにを食べるかにもとづいて区別することができる．生物学的種概念と異なり，この種概念は有性生殖種と同時に無性生殖種にも適用できる．

結合的種概念

Templeton (1989) が提唱した種概念で，交雑可能なまとまりと生態学的地位によるまとまりを比較して，両者のうちでせまい範囲を種として扱う考え方．生物学的種概念では扱えないような無性生殖種などの扱いが可能であるが，判断基準が1つではないという批判がある．

このほかにも多数の種の概念があるが，これらの各種概念の有用性は，状況や問題設定による．生物学的な意味で種をどのような実体ととらえるかという

問題は，対象の生物の種分化の様式と切り離せない問題である．そこで，以下に動物とは異なった植物の分化様式の実例をみながら，植物において種概念がどのように適用されているのかを紹介する．

2.3 種分化の様式

（1）種の形成

新しい種が誕生するとき，向上進化 anagenesis と分岐進化 cladogenesis という2つの基本的なパターンに区別することができる（図2-2）．向上進化は系統内進化ともよばれ，ある種が変化の集積により，異なった特徴をもった別の種に変わっていくことをいう．種全体が変わっていくため，種の数は増えない．これに対して，分岐進化は種の遺伝子プールが分割され，2つ以上の新しい種が誕生することである．その結果，新たな種がつくられるため，種分化ともよ

図2-2　向上進化と分岐進化．分岐進化では種数が増加する．

ばれる.

(2) 異所的種分化・同所的種分化・側所的種分化

　種分化は,どのような場所で,どのように遺伝子流動が妨げられるかにより,3つの主要な様式に分けることが可能である(図2-3).

　異所的種分化は,もとの集団がなにかの原因により地理的に隔離した複数の分集団になり,物理的に遺伝子流動が妨げられたときに起きる.一度,地理的分離が生じると,分離された集団中には異なる突然変異が出現し,そこに自然選択や遺伝的浮動などが働いて,それぞれの集団は異なる進化の道をたどる(図2-3A).地理的隔離は異所的集団間の交配を妨げるが,それは生物学的な隔離機構ではないため,隔離されていた集団が再び出会ったときには交雑が起きる可能性がある.地理的に隔離された集団間に異所的種分化が起きたかどうかを判断するためには,両者が接触したとしても交配が起こらず,繁殖力のある子孫をつくらなくなる変化が起きたかどうかを確認する必要がある.

　同所的種分化は,地理的に分布が重なる集団で起きる種分化である.おたがいに接触を保ったままで同所的集団間に生殖的隔離が進化する同所的種分化のおもな機構には,倍数体化や構造変異などの染色体変化や,選択的交配があり,とくに染色体の倍化は同所的種分化の代表的なものである(図2-3B).植物

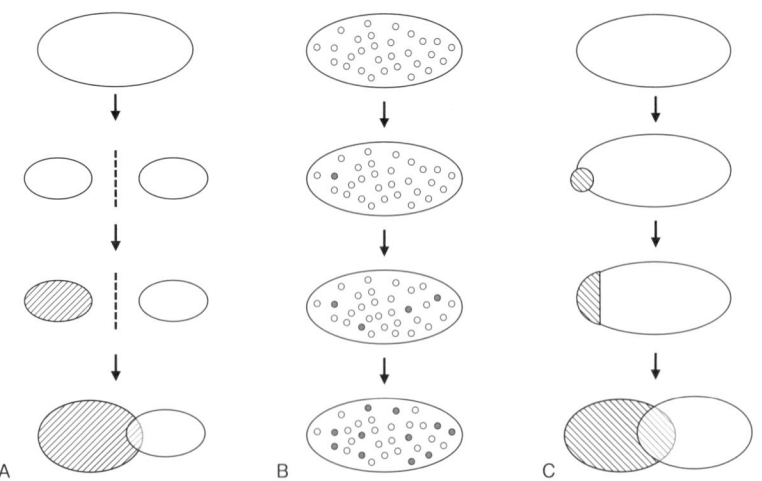

図2-3　種分化の様式.A:異所的種分化,B:同所的種分化,C:側所的種分化.

では細胞分裂時の異常により通常より多くの染色体セットをもつ個体が生じ，その個体が生き残ることがよくある．このような突然変異体は倍数体とよばれる．倍数体には同質倍数体と異質倍数体がある．同質倍数体は単一種起源の染色体組を3組以上もつ個体である．たとえば，2倍体個体における細胞分裂の失敗により細胞の染色体数が倍加することがある（同質4倍体）．新たに生じた同質4倍体植物自体は正常な減数分裂をすることができ，自殖やほかの同質4倍体個体との交配により，稔性のある子孫をつくることができる．しかし，このような突然変異で生じた同質4倍体が，集団の2倍体と交配すると，子孫は3倍体となる．3倍体の子孫は，減数分裂時に染色体対合と分配の異常を引き起こすので，通常は不稔である．つまり，同質倍数体は，たった1世代で地理的隔離なしに生殖的隔離をつくりだすことが可能なのである．

異質倍数体は，異なる2種間の交雑により雑種が生じ，それが倍数体化することにより形成される．通常，2倍体種間の雑種は，減数分裂時に別種からの染色体間でうまく対合が起きないため，ほとんどが不稔である．しかし，植物の場合，個体が不稔であっても無性生殖によって世代交代し，長期間生き続けることができるものも多い．もしこのような不稔の雑種個体に，染色体が倍加するという突然変異が起こったなら，たがいに対合可能な染色体が生じることになり，稔性をもつ倍数体が誕生することになる（異質倍数体）．このようにして生じた異質倍数体自体は稔性をもつが，同質倍数体の場合と同様，両親種と交雑しても稔性のある子孫はできない．そのため，生物学的種概念からは新種が誕生したと考えることが可能である．

側所的種分化は，集団の周辺（必ずしも空間的に周辺部ということではなく，生育環境においての周辺部）に生じた小集団が，なんらかの理由で元集団との遺伝子流動を制限されるか，その小集団に元集団から流動してきた遺伝子が選択圧により淘汰されることにより，種分化が進むものである（図2-3C）．

側所的種分化の例としては，リュウキュウツワブキがあげられる．リュウキュウツワブキは典型的な渓流沿い植物で，琉球列島の川沿いに生育するキク科植物である．リュウキュウツワブキの生育地のすぐ近くにはツワブキが生育していることが多く，分類学的には両者は同一種の変種として扱われている．ツワブキとリュウキュウツワブキのもっとも大きな違いは葉の形態であり，ツワブキの典型的な葉は腎円形であるのに対し，リュウキュウツワブキの典型的な葉

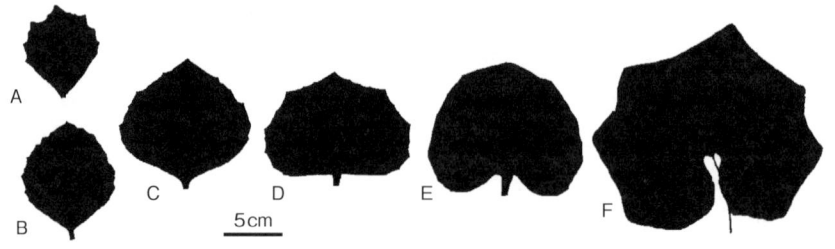

図2-4 リュウキュウツワブキとツワブキの葉形．A-B はリュウキュウツワブキ，F はツワブキの典型的葉形．（Usukura *et al.*, 1994 より）

は楔形である（図2-4；Usukura *et al.*, 1994）．リュウキュウツワブキが生育する川では，降雨によって急激に水かさが増し，生育地が急流にさらされることが頻繁に起こる．リュウキュウツワブキの葉は，葉身基部が細い楔形になることで水圧に耐えることができ，このような環境に適応しているのである．ツワブキとリュウキュウツワブキの交雑個体は，両者の中間的な葉形をもつため，リュウキュウツワブキの生育地では適応度が低下する．このため両者間の遺伝子流動は存在するが，変種間の生殖的隔離は維持されていると考えられている．

2.4 倍数体による種分化

（1）倍数体

　植物では倍数体がよくみられる．一般的な2倍体の生物では，各細胞内に2組のゲノムのセットが存在する．2倍体が有性生殖を行う際には減数分裂が起こり，1組のゲノムセットをもつ配偶子ができる．したがって，その子どもは，父親由来のゲノムセットと母親由来のゲノムセットを1組ずつもつ2倍体となる．しかし，まれには非減数配偶子の形成などの要因で3組以上のゲノムセットをもつ個体が生じることがあり，そのような個体は倍数体とよばれる．

　倍数体は，そのゲノム構成がどのような起源をもつかにより同質倍数体と異質倍数体に分けることができる．同質倍数体 autopolyploid は，同一種起源のゲノムを3セット以上もつものである．ゲノムの倍加には，体細胞分裂時の異常による4倍体化や，減数分裂時の異常による非減数配偶子形成などによって起こる．

異質倍数体 allopolyploid は，1 個体内に別種に由来した異なるゲノムを合計 3 セット以上もつものである．植物では近縁種間で受精前の生殖的隔離が完全でない場合があり，雑種形成がしばしばみられる．異種間の交雑により生じた雑種では通常，減数時の染色体対合に異常が生じ，生殖能力の低下がみられることが多い．しかし，その雑種植物自体は，栄養繁殖などで長期間にわたり存在することがある．その間に，染色体数が倍加する突然変異が起きて 4 倍体が生じると，同一起源の染色体を 2 組ずつもつことになり，正常な染色体対合ができるようになって正常な減数分裂が可能となる．このようにして，生殖能力が回復した倍数体は複 2 倍体 amphidiploid とよばれている（図 2-7 を参照）．

(2) 同質倍数体による種分化

同質倍数体は非減数配偶子形成などにより生じるため，同種の 1 集団内や，極端な場合，1 個体だけでも生じる可能性がある．非減数配偶子と正常な配偶子の間で受精が起こると，同質 3 倍体の個体が生じる．通常，3 倍体は減数分裂が異常になるため，正常な配偶子をつくることができず，有性生殖による子孫を残すことができない．しかし，植物によっては通常の有性生殖だけでなく，栄養繁殖などの多様な生殖様式をもつものがあり，同質 3 倍体が長い間存在することもまれではない．つぎの節で紹介するヒガンバナやセイヨウタンポポなどの植物では，同質 3 倍体が栄養生殖により繁殖している．

一方，茎頂分裂組織の細胞の分裂異常による染色体の増加，あるいは非減数配偶子どうしの接合により，同質 4 倍体が生じることがある．このような 4 倍体は，その起源となる 2 倍体の親集団中で生じることになるが，親集団の個体と交雑すると同質 3 倍体となり，上記のように不稔となる．すなわち，同所的に 1 世代で生殖的隔離が生じたことになる．このようにして生じた 4 倍体は，減数分裂に異常がなく，有性生殖による繁殖が可能である．また，ゲノムは倍加しているが，遺伝子やその制御システムはほぼ同一なので，大きさを除き 2 倍体との形態的差異はあまりないことが多い．

このような同質倍数体が生じている植物は多数知られている．キク科のシロヨメナは，東アジアに産するシオン属の植物である．後述のように，この群は複雑な複合体を形成しているが，その中に同質倍数体と思われる 4 倍体や 6 倍体が存在する．これらの異なる倍数性をもつ植物は，同じところに混じって生

えているのであろうか．日本においてシロヨメナの倍数性の地理的分布を調べた結果では，2倍体と4倍体や6倍体などの倍数体の分布域は異なっており，両者が共存することはまれであった（図2-5）．3倍体が2倍体集団にまれに出現することはあったが，有性生殖が可能な偶数倍体で異なる倍数性のものは地理的にすみわけているのである．そのため，植物体をみるだけではわからないが，正確な産地を聞けば，そのシロヨメナが何倍体であるか推測可能である．同質倍数体なので親の2倍体植物とは性質が似ているはずなのに，なぜこのようなすみわけが起こっているのであろうか．その解答はいまだ得られていないが，異なる倍数性の個体間の交雑個体が不稔になるため，両者が同所的に生育するのは繁殖上不利になるのかもしれない．また，異なる倍数体は遺伝子プールが異なっているため，独自の進化の道筋を進むことになり，しだいに異なった性質をもつようになってすみわけているのかもしれない．

　さて，シロヨメナでは2倍体に対し4倍体や6倍体の植物はどのように扱ったらよいであろうか．前に述べた種の定義のうち，従来の分類の基準である外部形態の観点からみると，倍数体はほとんど2倍体と区別ができないので同種としか扱えない（図2-6）．一方，生物学的種概念では2倍体と4倍体は，たとえ同所的に存在しても両者が交配してできる個体は3倍体となり不稔であるため生殖的隔離が成立している．このため，倍数性の異なる個体は別種と判断される．また，系統的な意味では2倍体のある1集団に染色体数の倍加が起きて同質4倍体が生じた場合には，4倍体を除いた2倍体は側系統群になり，単系統性が失われることになる．このため系統学的種概念でもこの4倍体を別種としては扱えない．さらに，2倍体と倍数体の所有している遺伝子を比較するとゲノム対の数に違いがあるものの，個々の遺伝子についてはもともと同じものが倍加しているので，ほとんど差はみられない．このような両者を同種として扱うか別種として扱うかは，どの種概念を用いるかにより異なる結果になる．シロヨメナのような同質倍数体と考えられるものは，日本の野生植物の中にもキク属やツリガネニンジン属をはじめとして数多くみられ，植物においてはけっして例外的な種分化の様式ではないのである．

(3) 異質倍数体（複2倍体）形成による種分化

　複2倍体形成も，被子植物においてしばしば生じている種分化様式の1つで

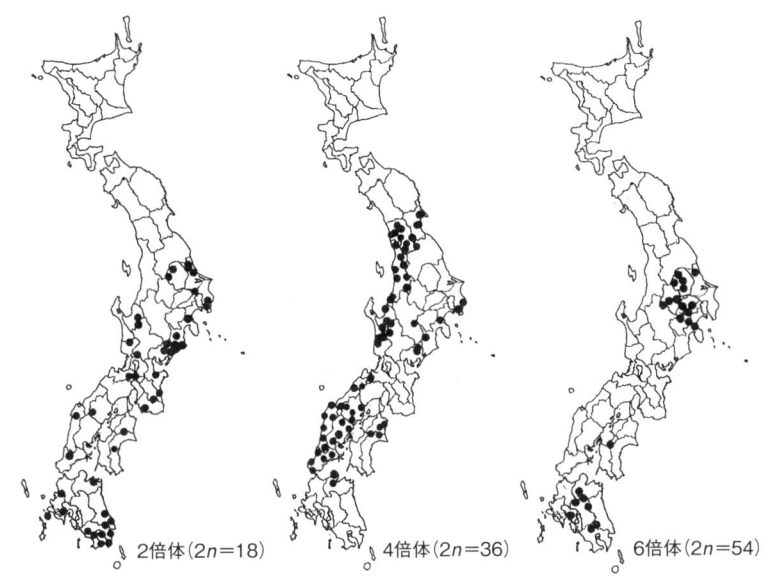

図2-5 シロヨメナ類の倍数体の分布.（Soejima，未発表）

2倍体（2n=18）　　4倍体（2n=36）　　6倍体（2n=54）

図2-6 2倍体と倍数体の標本写真．左：韓国産シロヨメナ（2倍体），右：栃木産シロヨメナ（6倍体）．両者は分布から推定したもので，実際に染色体数をカウントしたものではない．

ある.秋になると清楚な紫色の花を咲かせるノコンギクはキク科シオン属の植物である.アジア産のシオン属では,染色体数が $2n=18, 36, 54, 72$ などが多くみられ,基本数は9と推定されている.ノコンギクは $2n=36$ の染色体数をもち,基本数から考えると4倍体ということになる.このノコンギクの核型(染色体の形や大きさ)を観察すると,比較的長い染色体が18本と短い染色体が18本あるのがみられる.ノコンギクに近縁な植物の核型の調査結果から,ノコンギクにみられる大きな染色体はアジア産のシオン属植物に一般的なものであることがわかった(Huziwara, 1957).一方,短い染色体は,果実の冠毛が短いことからヨメナ属に分けられることもある植物群(ヨメナ類,現在はシオン属に

♀ ♂

雑種形成

ユウガギク　$2n=18$　　シロヨメナ　$2n=18$

染色体倍加

ノコンギク　$2n=36$

図2-7　ノコンギクの起源の仮説.各種の核型にもとづいた仮説である.

入れられている）にみられることがわかった．この結果は，ノコンギクが長い染色体をもつシオン属植物と短い染色体をもつヨメナ類との間の雑種形成により起源し，その後の染色体数の倍加によってできた複2倍体であるということを示している（図2-7；Tara, 1973）．

この仮説は，最近行われた分子系統学の解析結果からも同様に支持された（図2-8）．すなわち，生物の種分化は，木が枝分かれするように分岐し，枝どうしは交わらないのが一般的である．しかし，この例のように，独立した2種の間

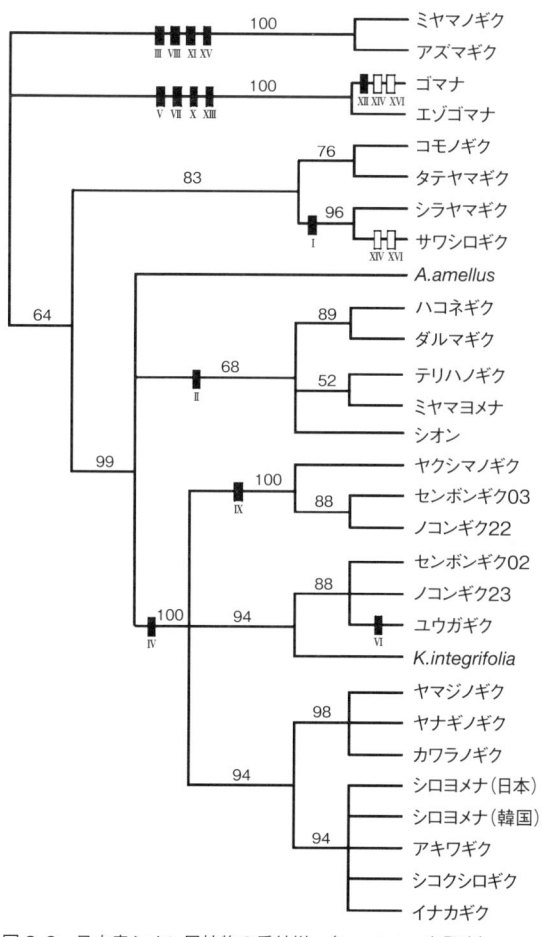

図2-8　日本産シオン属植物の系統樹．（Ito et al., 未発表）

の雑種形成により，新たな種が生じることもある．このような進化のプロセスは網目状進化とよばれている．複2倍体形成による網目状進化の例では，新たにできた植物群を種とすることにあまり困難は生じない．それは，倍数体化することにより，両親種との間の生殖的隔離が成立し，同時に形態のうえでも通常は両親種とは異なった存在となることが多いからである．

　異質倍数体による新種形成は数世代の時間で起きることが可能であり，それゆえ，急速な種分化が可能となる．このような最近生じた異質倍数体として有名なものに北米のバラモンジン属植物の例がある．

　バラモンジン属はヨーロッパ原産の植物であるが，20世紀初期に3種がアメリカに移入したことが記録されている．この3種はフトエバラモンギク *Tragopogon dubius*，バラモンギク *T. pratensis*，バラモンジン *T. porrifolius* で，現在では北米の荒れ地に普通にみられる帰化植物である．1950年代にアイダホ州とワシントン州で2種のバラモンジン属の新種が見出された (Ownbey, 1950)．当時この地域には3種の帰化種のすべてが分布していた．この新種の1つ *T. miscellus* はフトエバラモンギクとバラモンギク間にできた異質4倍体と推定され，もう1つの新種 *T. mirus* もやはり異質倍数体であるが，その祖先種はフトエバラモンギクとバラモンジンであると推定された (図2-9)．この推定は酵素

```
                    フトエバラモンギク
                       T.dubius
                       (2n=12)


         T.miscellus              T.mirus
          (2n=24)                 (2n=24)



   バラモンギク                           バラモンジン
   T.pratensis ─────────────────── T.porrifolius
    (2n=12)                            (2n=12)
```

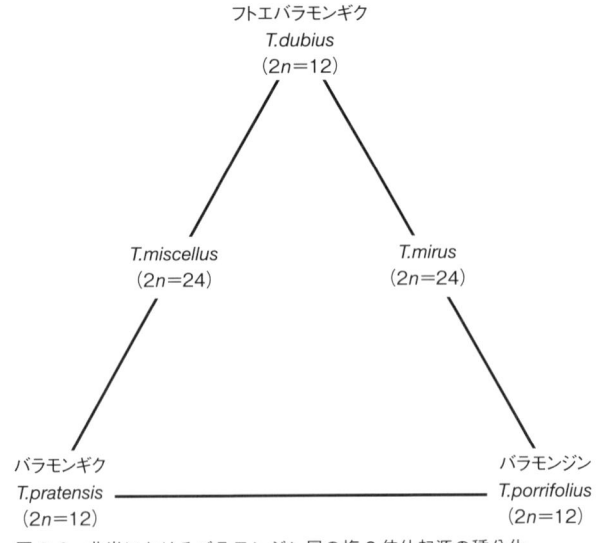

図2-9　北米におけるバラモンジン属の複2倍体起源の種分化．

多型分析やDNAによる解析で支持されている（Soltis and Soltis, 1989）．*T. mirus* の集団は，おもにそれ自身の構成員で繁殖しているが，祖先種間の雑種形成がその後も続いていて，*T. mirus* 集団に加わっている．

異質倍数体化はまた，人間による栽培植物の育種においても重要な役割を果たしてきた．たとえば，コムギは3種類の異なるゲノムからなる異質6倍体である．コムギの起源においては，少なくとも2回の雑種形成とその後の染色体倍加が起きたと推定されている（図2-10）．

同所的種分化はまた，選択的交配によっても生じる．植物においては，開花季節，時間などの分化や，送粉昆虫の違いが起こると，地理的障壁がなくても相互の遺伝的交流がなくなり，その結果，異なる遺伝子プールをもつことになる．その後，各遺伝子プールに突然変異が蓄積していくことにより，種分化が生じる．

2倍体どうしの雑種から，染色体の倍加をともなわずに新しい植物群がつくられる例もある．北米のヒマワリの仲間では，種間雑種が数多く生育している

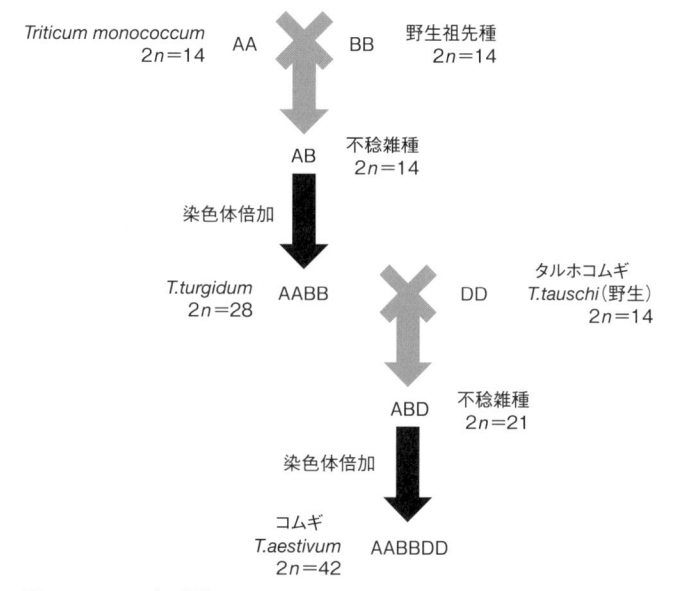

図2-10　コムギの進化．AAゲノムとBBゲノムをもつ野生種の交雑とその後の染色体倍加により二粒系コムギが生じた．この4倍体コムギとDDゲノムをもつタルホコムギの交雑およびその後の染色体倍加により現在のコムギがつくられた．

ことが知られている．核と葉緑体の遺伝子をマーカーにした系統解析により，少なくとも2種が2倍体であるにもかかわらず，交配により生じた雑種起源であることが明らかになっている (Rieseberg, 1991)．ヒマワリ属のようにきちんと実証されたものではないが，日本でもイカリソウ類で同様な種分化が起きていると考えられている．種の認識に関して問題になるのは，通常は遺伝子交流が生態的にあるいは生殖的隔離により妨げられている種間において雑種形成が起こり，その後，両親種との間のバッククロスによって2種間の隔離が壊される場合である．このような現象は浸透交雑とよばれるが，その結果として形態的にもさまざまな段階の中間的な個体が生じ，両親種の認識が困難になる．先ほど例としてあげたイカリソウ類では浸透交雑もみられ，西日本で花に長い距をもつイカリソウと距をもたないヒメイカリソウとの間のさまざまな中間型が存在する（鈴木，1990）．

(4) 倍数体複合体

植物では，2倍体間，あるいは2倍体と倍数体間で何度も交雑が起こり，複

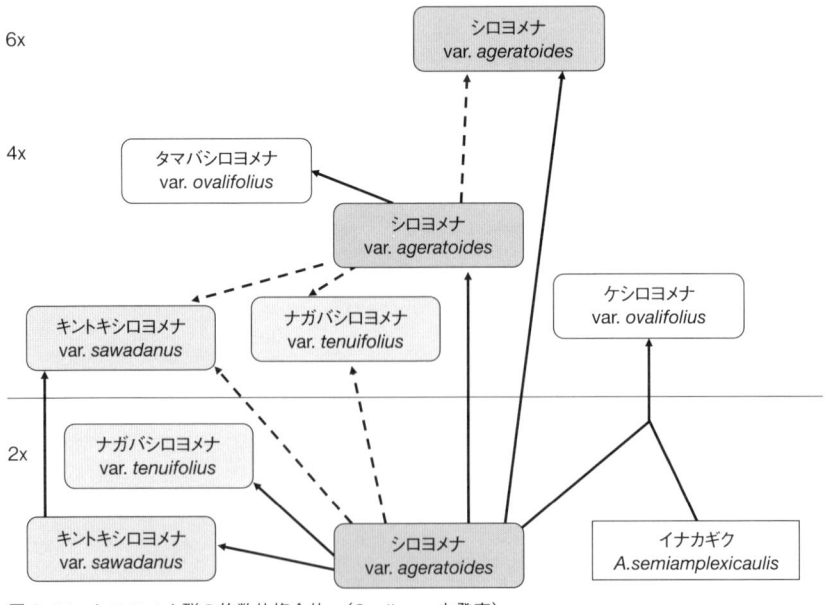

図2-11　シロヨメナ群の倍数体複合体．（Soejima, 未発表）

雑な複合体を形成することがしばしばみられる．倍数体複合体とは，古典的な研究例として知られている北米のフタマタタンポポ属 *Crepis* のような複雑な複合体についてつけられた名称である．

同質倍数体の例として紹介したシロヨメナはまた，複雑な倍数体複合体を形成していることでも有名である．日本産のシロヨメナでは 2, 4, 6 倍体が知られており，その分布域はほとんど重なっていない（図 2-5 参照）．偶数倍数体に加えて 3, 5 倍体の奇数倍数体の出現も知られているが，非常にまれである．これらの 2 倍体と倍数体は外部形態的にはほとんど区別がつかず，また遺伝子の解析の結果でもあまり差がないことから同質倍数体と考えられている．シロヨメナ群に関しては，これらの同質倍数体に加え，近縁種であるイナカギクなどの 2 倍体との交雑起源と思われる異質 4 倍体が複数みつかっており，非常に複雑な倍数体複合体を形成している（図 2-11）．

2.5 栄養繁殖種と無融合生殖種

(1) 無性生殖

植物は個体性についても疑問が生じる場合がある．動物，とくに脊椎動物では多くの場合，個体という単位がなにかということには通常，問題は生じない．しかし，植物ではなにをもって 1 個体としたらよいかという問題に直面することがある．

植物はしばしば栄養生殖という繁殖様式により増殖する．栄養生殖は，匍匐枝，地下茎，球根やむかごなどが本体から切り離されることにより新たな「個体」を生産する無性生殖の一種である．これらの新しい「個体」はもともと親個体の一部であり，基本的には親個体と遺伝的に同一のクローンである．しかし，いったん親の体から離れて独立した生活を営み始めれば，これらのクローン個体が無性的に生じたのか有性生殖で生じたのかを判断することは，外見上不可能になる．植物において，個体の単位をどのようにとるかは大きな問題であるが，ここではこれ以上触れないことにする．

(2) タンポポ

　日本全国で普通にみられるようになったセイヨウタンポポは，元来ヨーロッパ原産の帰化植物であるが，都市部では日本の在来タンポポよりも繁茂している．このような分布拡大の要因の1つは，その生殖様式にある．セイヨウタンポポは，染色体数 $2n=24$ の3倍体であり，減数分裂時の相同染色体対合に異常が起きるため，通常の有性生殖を行うことができない．しかしながら，セイヨウタンポポの3倍体は，減数分裂を行わずに行われる無融合生殖 agamospermy により種子を生産している．このような無融合生殖をする植物群は，同様な他個体との間に遺伝的交流がなく，遺伝的に均一なため，進化の袋小路にあるといわれることがある（図2-12）．しかし，タンポポ属では，無融合生殖を行う3倍体において，まれに正常な花粉が非減数分裂や不等減数分裂の結果できることがある．そのような花粉が2倍体の有性生殖種に授粉すると，2倍体植物の卵細胞と受精し，新たな無融合生殖を行う3倍体あるいは4倍体の植物が生ずることがある．セイヨウタンポポの原産地であるヨーロッパには，このような過程でできたと推測される無融合生殖「クローン」群が，数多く存在している．

図2-12　セイヨウタンポポ（左）とカントウタンポポ（右）．

異なる起源をもつクローンは形態で区別できるため，それぞれに対して種としての名前を与えている植物学者もいる．その見解を受け入れると，ヨーロッパのタンポポには，数百もの「種」が存在することになる．このようなものは微小種とよばれているが，はたして独立の種としてよいかどうかははなはだ疑問である．日本でもセイヨウタンポポと有性生殖をする在来タンポポの間の雑種（3倍体と4倍体）が各地でみつかっていて，その分布域は日本全国におよんでいる（保谷，2010）．これらの雑種起源の植物集団では，種をどのように認識したらよいのであろうか．タンポポの微小種問題は，日本の植物の分類においても問題になりつつある．

　無融合生殖を行う植物は，日本においてもニガナやヒヨドリバナなどのキク科植物をはじめとして多数知られている．ヒヨドリバナ類は，形態変異が大きく，形態による分類がむずかしい群として知られていた．ヒヨドリバナ類の染色体数を調べてみると，多くの種は倍数体で構成され，もっぱら無融合生殖を行っていることが明らかになってきた．このような倍数体集団の個体では形態変異の幅が大きく，形態で認識できる種の境界ははっきりしなくなっている．

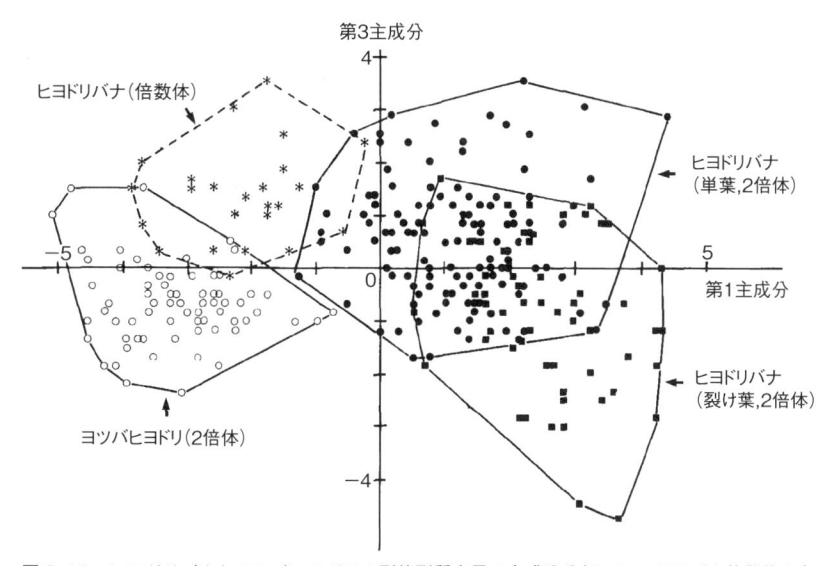

図2-13　ヒヨドリバナとヨツバヒヨドリの形態形質変異の主成分分析．ヒヨドリバナ倍数体の存在により，ヒヨドリバナ2倍体とヨツバヒヨドリ2倍体の形態変異が連続しているが，2倍体のみを比較すると，両者は形態的に識別可能である．ヒヨドリバナ倍数体はおそらく2倍体両種の交雑起源の個体を含んでいると推測されている．（Kawahara et al., 1989より）

これに対して，分布が限られている2倍体集団では，それぞれの形態による種の境界がわかりやすい．ヒヨドリバナ類の分類がむずかしいのは，交雑由来の無融合生殖を行う倍数体の存在により，形態変異の境界が不明瞭になっているためと推測されている (Kawahara et al., 1989；図2-13)．この仲間でもおそらく，倍数体と2倍体の複雑な交配によって多数の無融合生殖クローンができていると予想される．ヒヨドリバナ類の場合，2倍体では種の定義にそれほどの困難はないが，これら倍数体ではクローンの識別はできても種をどのように定義したらよいか難解な問題である．

(3) ヒガンバナ

秋に深紅の花を咲かせるヒガンバナ (彼岸花，曼珠沙華) は，単子葉植物のヒガンバナ科に属する多年草である．日本のヒガンバナは，染色体の核型分析の結果，3倍体で同質倍数体であることがわかっている (栗田，1998)．そのため，ヒガンバナはほとんど種子をつけることがない．それにもかかわらず，ヒガンバナが日本全国に広く分布するのは，その旺盛な栄養繁殖の結果である．ヒガンバナは，親植物の球根の脇に子球根をつくることにより増殖する．日本各地のヒガンバナの遺伝的変異を酵素多型分析で調査した研究結果では，調べた限りのすべての個体は同一の遺伝子型をもつことがわかり，日本産のヒガンバナは1個体から栄養繁殖した1クローン集団である可能性が示された．

ヒガンバナは東アジアに広く分布しており，中国にはヒガンバナの2倍体が分布していることがわかっている．その2倍体は通常の有性生殖を行い，種子をつける．このことから，現在日本に生育しているヒガンバナはおそらく中国で生じた同質3倍体ヒガンバナが持ち込まれたものであると考えられている．同様なことが春に花を咲かせるアヤメ科のシャガにもいえる．日本で生育しているシャガはすべて3倍体植物であるため，種子をつくることができない．その代わり，地下茎を伸ばすことで繁茂している．シャガも中国原産の多年草であり，園芸植物として同質倍数体が日本に運ばれてきたと考えられる．

ヒガンバナやシャガのような栄養繁殖のみで増殖する植物では，種をどのように定義したらよいのであろうか．交雑可能性にもとづく生物学的種概念は，そもそも有性生殖をする生物のみにしか適用できないため，このような植物には原理上適用できない．

2.6 適応放散

(1) 適応放散的種分化

　適応放散とは，ある地域で単一の祖先種が多様な環境，すなわち異なった生態的地位に適応する過程で，ほぼ同時に多様な別種に分かれていく現象を指す．このような現象が起きるためには，多くの生態的地位が空いている環境が必要である．現実的には，ほとんどの生態的地位は多様な生物種で満たされているものと考えられるので，適応放散が起きるには，なんらかの理由で生態的地位が空くか，あるいははじめから生態的地位が埋められていない場所が存在する必要がある．

　地球の生物進化の歴史の中でも，それまで利用されていなかった生態的地位に進出するような進化が起きた場合には大規模な適応放散が生じている．たとえば古生代カンブリア紀に起きた多細胞動物の急速な多様化，いわゆるカンブリア大爆発は，運動性に富む動物が出現することでこれまでどのような生物も占有していなかった新しい生態的地位に進出することが可能となり，適応放散が起きたと考えられている（モリス，1997）．また，古生代シルル紀に起きたと考えられている植物の陸上進出の際も，いままでほとんど生物に利用されていなかった陸上環境を利用できるようになったことで，大規模な適応放散が起きたと想像される．

　急に大きな生態的地位の空白が生じたとき，たとえば生物の大量絶滅が起きた後などにも適応放散が起きている．白亜紀の終わりの恐竜を含む爬虫類の大量絶滅が起こった後には，哺乳類の大規模な適応放散が起きている．植物でもこれに前後して，多様な被子植物が急速に出現している．被子植物の多様化には，昆虫などの送粉者や種子散布者との共進化も関係していると思われるが，白亜紀に大森林を形成していた裸子植物が減少することで生じた空白の生態的地位に，被子植物が進出して適応放散が起こったのであろう．

(2) 大洋島における適応放散

　空白の生態的地位における適応放散の例としては，大洋島での生物の種分化をあげることができる．有名なガラパゴス諸島をはじめとする大洋島，すなわ

ち，近くに大陸や大きな陸地がなく，多くの場合，火山の噴火により新しく海上につくられた島嶼は，陸生生物がゼロの状態から始まる．海上を長期に移動して分散可能な生物のみがここに移住できるが，大洋の中の小さな陸地に無事たどり着ける可能性は非常に低い．しかし，いったん分布に成功した生物種の子孫は，そのほとんど空白の生態的地位を利用することが可能である．そのため，大洋島の生物相には比較的種数が少ないが，単一の共通祖先種から適応放散的に種分化して生じたと思われる種群が多くみられるのである．このような種分化の例として有名なガラパゴス諸島でのダーウィンフィンチの適応放散では，利用する餌が違うことによって嘴（くちばし）の形が変化している（ワイナー，2001）．これは，大陸などでは通常，ほかの鳥によって利用されている多様な餌を，他種との競争なしに利用できるような環境が存在したため，それぞれの餌を採るのに適応した自然選択の結果と考えられている．

(3) ハワイ諸島の銀剣草類の適応放散的種分化

大洋島における植物の適応放散の有名な例として，ハワイ諸島の銀剣草の仲間がある．ハワイ諸島は太平洋の中央に位置する典型的な大洋島であり，8つの大きな島と数多くの小島からなる．ハワイ諸島の各島は火山性の起源をもち，西から東にかけてその成立時期が若くなっている．

銀剣草は，ハワイ諸島のマウイ島のハレアカラ火山の頂上付近の火山性の裸地に生育している草本植物であり，大きなロゼット葉の状態で何十年もの間を

図2-14 銀剣草類の適応放散．A: 銀剣草 *Argyroxiphium sandwicense*，B: ドゥバウティア・スキャブラ *Dubautia scabra*，C: ドゥバウティア・ラティフォリア *D. latifolia*，D: ウィルケッシア・ジムノキシフィウム *Wilkesia gymnoxiphium*．（Boldwin, 2003 より改変）

過ごした後，大きな花序をつけるのを最後に枯れるという生活史をもっている．銀剣草の名前は，その剣に似た細長い銀色の毛に覆われた葉からつけられたものである（図2-14）．

　銀剣草と同属の植物は6種あり，すべて1回繁殖型の生活型をとる．ハワイ諸島にはほかに，この属に近縁なドゥバウティア属（約25種）とウィルケッシア属（2種）が知られている．ウィルケッシア属は2種とも木本性の植物であるが，ドゥバウティア属は生活型が多様であり草本からつる植物，木本まで存在する．また，生育環境も低地の熱帯降雨林から火山の溶岩台地や高山までと，非常な多様性に富んでいる（図2-15）．

　これらの植物群の種間の遺伝的な関係を調べた結果，種間の遺伝的同一度はほとんどの組み合せで0.9以上であった（Witter and Carr, 1988）．この数値はほかの同属の植物種間で測られた遺伝的同一度の平均（0.65）と比べ非常に大きな値となっていて，通常，種内の集団間でみられるぐらいの値である（Gottlieb,

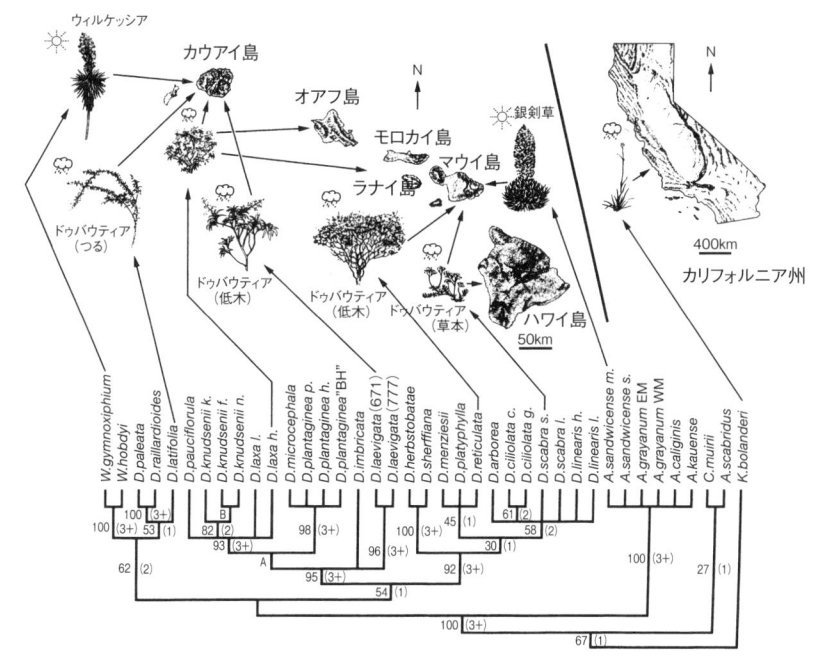

図2-15　銀剣草類の起源と分化．分子系統樹による各島の種の系統関係を表す．（Boldwin, 2003より改変）

1981; Crawford, 1983).この結果にもとづいた計算から，銀剣草の仲間の適応放散は50万年から150万年の間という比較的短時間に起こったと推定されている．このような短期間のうちに，銀剣草の仲間は草本から木本までの生活型や形態を多様化させ，さらに低地の熱帯降雨林から高山の裸地に至るまでの適応進化が起こったと考えられる．葉緑体や核のDNAを用いた分子系統学的研究からは，ハワイの銀剣草類は単一の祖先から分化したという結果が得られている．おそらく今から100万年以上昔に太平洋を越えてハワイ諸島にたった1種の祖先種が侵入し，その後，このような多様な種へと進化をとげたのであろう．そしてその祖先種は，現在カリフォルニア州に分布している種と近縁であったと推定されている（図2-15；Boldwin, 2003)．

ハワイ諸島では，このほかにもキク科のテトラモロピウム属（Lowrey and Crawford, 1985)，センダングサ属（Helenurm and Ganders, 1985）などでも同様な適応放散的種分化が起こり，多くの種が分化していることが知られている（表2-2)．

(4) 小笠原諸島での適応放散的種分化

小笠原諸島は，東京の南南西約1000 kmに位置する大小150ほどの島々からなる大洋島で気候帯としては亜熱帯域に属する．日本列島と直交する伊豆-マリアナ島弧の中央に位置し北から聟島列島，父島列島，母島列島の順に並ぶ．第三紀の初期の火山活動とその後の隆起によりできたものと推定され，島々が海面上に現れたのは第四期更新世に入ってからと考えられている．そのため，小笠原諸島に生育している陸上の生物はすべてそれ以降に移住してきた種，あるいはその子孫種である．

小笠原諸島では，国内のほかの地域に比べて生物固有種の割合が非常に高く，維管束植物においては約40％が固有種であることから（小野・小林，1985），東洋のガラパゴスとも称される．

小笠原諸島においてもハワイ諸島と同様に，植物の適応放散的種分化がみられる．小笠原諸島の各島は，ハワイ諸島やガラパゴス諸島に比べ面積が小さく山も低い．環境の多様性がほかの大洋島より低いせいか，種子植物では1属の種数は4種が最大で，大規模な適応放散はみられない（表2-2, 表2-3)．以下に，小笠原諸島で適応放散的種分化を起こしている群について紹介する．

表 2-2 ハワイ諸島において多数種に適応放散している属. ここでは 20 種以上に種分化している属を記載している. (Wagner et al., 1990 より改変)

属	種数	推定移入祖先数
ミズビワソウ属 Cyrtandra	53	4-6
Cyanea	53	1
ミズ属 Pilea	47	1
Phyllostegia	27	1
Clermontia	25	3-4
サダソウ属 Peperomia	22	?
Schiedea	22	1
Dubautia (銀剣草類)	21	1
Lipochaeta	20	2
Stenogyne	20	?
ツルマンリョウ属 Myrsine	20	1-2
フタバムグラ属 Hedyotis	20	1-2

表 2-3 小笠原諸島において適応放散している属. ここでは 3 種以上に種分化した属を載せている.

属	種数	推定移入祖先数
トベラ属	4	1
ハイノキ属	3	1
ムラサキシキブ属	3	1
モチノキ属	3	1-2
イヌビワ属	3	1
アゼトウナ属	3	1
タブノキ属	3	1

トベラ属 (トベラ科)

小笠原諸島には 4 種のトベラ属植物が生育し, そのすべてが固有種である. 各種は異なった環境に生育する. シロトベラはもっとも分布域が広く, 父島, 弟島, 母島の海岸近くから山地の低木林に生育する. ハハジマトベラは母島諸島にのみ分布し, 生育環境は海岸林である. オオミトベラは父島および兄島東海岸の比較的疎らな乾性林に生育し, コバノトベラは海に面した乾性低木林に生育し, ともに個体数が少なく絶滅危惧種に指定されている. これらの 4 種はおもに葉と花序の形態が異なり, それぞれの種の間には中間型はみられず, 外部形態から判断する限り完全な別種として認識されている. 生育環境と形態の関連は, より乾燥の強い環境に生育している種ほど葉が厚く小さく, また, 1 花序あたりの花の数が少なくなっている.

小笠原諸島固有の4種がどのように分化してきたのかを調べる目的で，固有種4種とトベラの合計5種について酵素多型をマーカーにした遺伝的解析を行った．これは，複数の酵素の対立遺伝子頻度を各種で計測し，その差異によって，種間の遺伝的分化の程度を推定する方法である．その結果，小笠原諸島の固有種間の遺伝的同一度は非常に高く，0.97以上であった．これに対して，本州のトベラの集団と小笠原固有種の間の遺伝的同一度は平均0.64であった．これまで，ほかの植物での同属種間で測られた遺伝的同一度の平均は0.65ほどであり，トベラと小笠原固有種の間の値はほぼこの値に近い．一方，小笠原固有種の間の遺伝的同一度は非常に高く，このような値は通常，同種内の集団間で観察されるような値である (Gottlieb, 1981; Crawford, 1983)．この研究では，小笠原諸島に産するトベラ属植物の種間では遺伝的距離が近すぎて，これらの種群がどのような順序で分化していったかは明らかにはならなかった．しかしながら，固有種間での非常に高い遺伝的同一度は，これらの種の分化が比較的短時間の間に，おそらくそれほど多くの遺伝的な変化をともなわず起きたこと

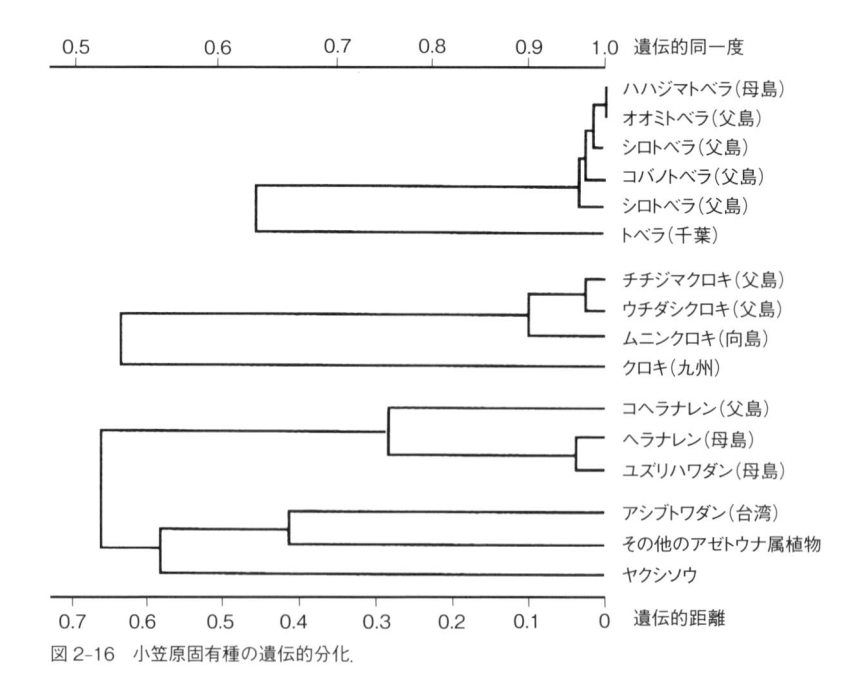

図2-16　小笠原固有種の遺伝的分化．

を示している.

このような分化は,ほかの木本性の固有種群であるハイノキ属やタブノキ属においてもみられる.ハイノキ属はムニンクロキ,ウチダシクロキ,チチジマクロキの3固有種が小笠原諸島に分布する.これら3種ともに分布域は非常にせまく,チチジマクロキは父島の東平の乾性林に,ウチダシクロキは父島東岸の乾性低木林に,ムニンクロキは母島列島の向島のみに生育する.また,タブノキ属ではコブガシ,テリハコブガシ,ムニンイヌグスの3固有種が分布する.これらの2群においても,酵素多型を用いて固有種間の遺伝的同一度が調べられたが,固有種間の遺伝的同一度は高く,トベラ属と同様のパターンを示していた (図2-16).

アゼトウナ属 (キク科)

キク科のアゼトウナ属植物は東アジアに7種が分布する.小笠原諸島には,ヘラナレン,ユズリハワダン,コヘラナレンの3種が分布し,すべて固有種である (図2-17).コヘラナレンは草本で黄色の花をつける.ヘラナレン,ユズリハワダンの2種は木本性の植物であり,白色の花を咲かせる.その他のアゼトウナ属の植物はすべて草本であり,ヘラナレン,ユズリハワダンは小笠原諸島で2次的に木本化したものと考えられる.キク科植物が木本になるこのような例は,ガラパゴス諸島のスカレシア属や前述のハワイ諸島の銀剣草の仲間でもみられ,大洋島では数多くの例が知られている.その理由としては,本来,木本の植物が占める生態的地位が大洋島では空いており,キク科の植物がその

図2-17 小笠原アゼトウナ属固有種.左: コヘラナレン *Crepidiastrum grandicolum*, 中: ヘラナレン *C. linguifolium*, 右: ユズリハワダン *C. ameristophyllum*.

生態的地位に進出していくことが容易であったためと考えられている．

アゼトウナ属においても，固有種3種を含む7種の遺伝的同一度が調べられている (Ito and Ono, 1990)．その結果，ヘラナレンとユズリハワダンは遺伝的同一度が高いが，コヘラナレンとほかの2種との間では平均0.76という比較的小さな値をとることが明らかになった．このことは，ヘラナレンおよびユズリハワダンの共通祖先とコヘラナレンの祖先が比較的古い時代に分化したことを示している．これに対して，ヘラナレンとユズリハワダンの分化ははるかに新しいできごとと考えられる．一方，小笠原固有種と日本のアゼトウナ属の植物との間の遺伝的同一度は平均値が0.47であり，相当な遺伝的分化があることを示している．

遺伝的距離からみた適応放散の時期

上記のように，酵素多型の解析結果は，小笠原諸島の植物で適応放散を起こしている植物において，属内種間の遺伝的同一度が非常に高いことを明らかにした．これは，それぞれの属内での種分化が急速に起こったことを示している．

遺伝的な差異の小ささとは対照的に，それぞれの群内各種の外部形態は明瞭に異なっている．このような遺伝的差異と外見の差異不一致には，いくつかの原因が考えられるが，これらのすべての属において，急速な外部形態の変化をともなった種分化が短期間の間に生じたと考えることが妥当であろう．それでは，どの程度の時間でこれらの適応放散が起こったのであろうか．この問いにはこれまでの解析で得られた遺伝的距離を用いて，実際の分化の年代を推定することが可能である．Neiの遺伝的距離 (D) と集団が隔離してからの時間 (t)

表2-4 小笠原固有種間の分化および固有種と近縁種の分岐年代推定．

属	固有種間	固有種と祖先種間
トベラ属	16万年	225万年
ハイノキ属	51万年	315万年
イチジク属	17万年	224万年
アゼトウナ属	—	315万年
ユズリハワダン 　　　—ヘラナレン	5万年	—
コヘラナレン 　　　—ほか固有種	114万年	—

との間には，つぎの関係が成り立つ．

$$t = D / 2a$$

ここで a は1遺伝子座あたり，1年あたりの置換速度であり，通常は平均的な推定値の 10^{-7} をあてはめる (Nei, 1987)．この式に従って計算してみると，小笠原固有種が分化した時代と，固有種が近縁種から分化した時代は，表2-4のようになる．この結果は，小笠原諸島での適応放散は過去数十万年の間に起きたことを示している．私たちの時間感覚からすると10万年という時間は非常に長い時間と感じるが，生物の歴史からするとほんの一瞬であろう．ヒトとチンパンジーの分岐推定時間の数百万年と比較しても，この種分化に要した期間が短いことがわかると思う．一方，それぞれの種群の祖先の移入は100万年から300万年と推定された．小笠原諸島の起源，すなわち島が海上に姿を現したのが300万年から400万年前であるので，妥当な推定と思われる．

3 系統進化
——分類学と系統学

　生物の特性として，いろいろな特徴があげられるが，「進化」するという性質もその中の1つとして取り上げてよいであろう．ここでは生物の進化の歴史である系統についてみてゆく．

3.1 系統進化と系統樹

　現在の地球上には，多種多様な生物種があふれている．しかし，もし生物が進化という特徴をもたなければ，地球上には最初に生まれた生物，すなわち単細胞の原核生物が多数存在しているだけになっていたであろう．

(1) 系統と系統樹

　生物の進化してきた道筋は系統とよばれる．第2章2.3節でみたように，生物の進化パターンは，大きく分けると向上進化と分岐進化がある．向上進化では，種あるいは集団全体が変化していくため種分化は起こらないが，分岐進化では祖先種から複数の子孫種が生じることになる．このような分岐進化により生物が多様化するときには，木が分枝するように1つの種から2種が生まれる．このアナロジーから，系統を表すときは樹状の図が多く使われている．このような系統関係を樹状に表した図は系統樹とよばれている（図3-1）．

　通常，系統樹は，研究の結果で推定された生物間の系統関係を図に表したものである．その意味で，系統樹は生物の系統関係の仮説であることに注意する必要がある．次節で扱う分岐図も系統樹の1種であるが，分岐図は分岐のパターンのみを表したものである．

　生物の進化の道筋を表すために，系統樹を最初に使ったのはダーウィンであるといわれている．もちろん系統樹という概念には生物が進化するということが不可欠であるので，当然かもしれない．ダーウィンのノートには，生物種に

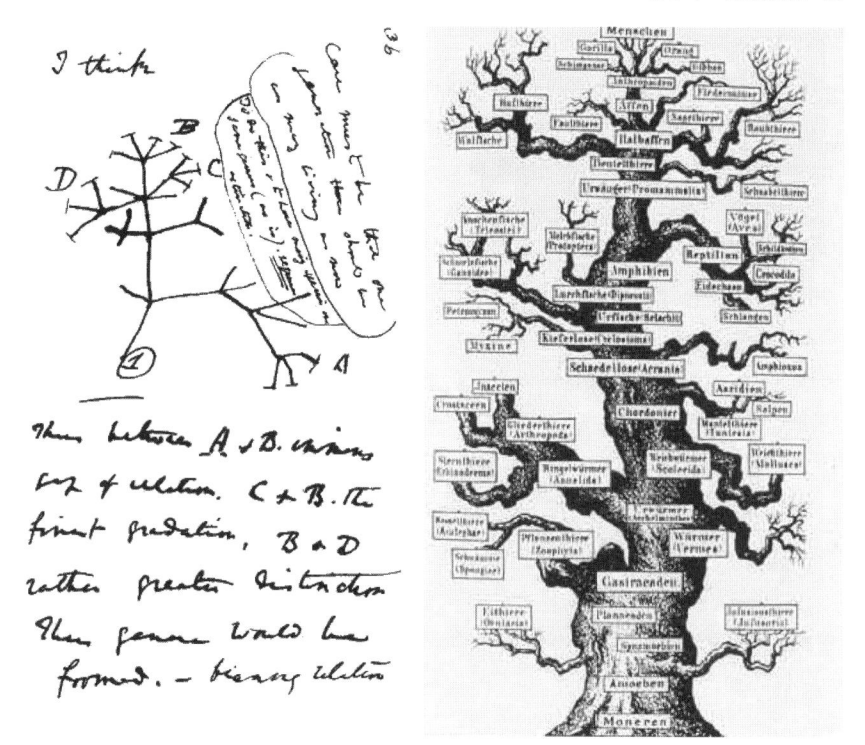

図3-1 系統樹．左：ダーウィンのノートに記述された「系統樹」．右：ヘッケルの描いた系統樹．

あたるアルファベットを分岐する線でつないだ図が描かれている（図3-1左）．また，ダーウィン以前にも生物の関係を樹状に表した図は描かれていたが，これらは生物の間の系統関係を表したものではなかった．

ダーウィンの『種の起源』を契機とした生物進化の考えが一般的になってきた19世紀末からは，さまざまな系統樹が発表されてきた．なかでもヘッケルE. Haeckelは，さまざまな生物の美しい図とともに多数の系統樹を描いている（図3-1右）．

(2) 系統樹

現在では，一般的に系統樹は二叉に分岐した樹木状の図として表される．生物の多様化では，祖先種から新たな種が生じる，あるいは祖先種が新たな特徴をもつ種に変化することで起こるが，とくに分岐進化を表現するのに樹木状の

図が適している．

系統樹の構造は，基本的には分岐点となるノードを枝でつないだものである．これは数学のグラフ理論における木構造に相当するものであり，実際に現代の系統樹作成においては，グラフ理論を利用して系統樹を作成するプログラムがつくられている．

後述のように，分岐学の系統解析では，分岐図が結果として得られる．この分岐図は，いっけん系統樹と似ているが，系統樹とは異なる意味をもったものである．くわしい解説はほかの本に譲るが（たとえば三中，1997），分岐図は対象種のグルーピングの包含関係のみを表しているのに対し，系統樹は種間の系統，すなわち祖先-子孫関係を図にしたものである．

3.2 系統推定法——形態形質

生物の分類を行うときには，対象生物群のもつ形質の評価が重要である．生物間の系統推定を行う際にも同様に形質を評価して，その結果にもとづいて系統を再構築する．ここでは，はじめに系統解析における形質評価でもっとも重要な概念である相同について説明する．その後に相同な形質のさらなる評価法として，分岐学についてみてゆく．

(1) 相同

分類や系統推定を行う際には，生物間の類似を手がかりにして相互の関係をみてゆくことになる．生物が類似した特徴をもっているとき，その類似には2通りの起源が考えられる．1つめは，両種の共通祖先がその特徴をもっていて，たんにその特徴がそのまま子孫に伝わったため，類似した特徴を保持しているという場合である．このような祖先を共有していることによる類似は相同homologyとよばれる．もう1つは，共通祖先ではその特徴がみられないが，祖先種から分岐した後に，それぞれの子孫系統で独立にその特徴を獲得した場合である（Box-2参照）．このような類似は一般に相似analogyとよばれる．また，それぞれの系統で同一機構により，同等の形質が進化した場合は平行進化parallel evolutionとよばれる．

植物における代表的な相似の例としては，サボテンの棘とバラの棘があげら

> ### Box-2　相同概念の歴史
>
> 　相同という用語は，オーウェン (Owen, 1848) により生物の構造比較のために造語された．2つの異なる生物の同一の部分に対して，形や機能の個々の相違とは無関係に適用できる相同器官 homologue という用語がつくられた．これは，異なる2種の体の部分や器官が，相対的位置と体のほかの部分との関連において相互に一致することを意味するのみであり，進化的概念を含まないものであった．
> 　これに対して，現在使われている相同は進化的概念を含むものに変わっている．マイヤーは，相同を共通祖先の同じ形質まで遡ることのできる，複数の分類群における1つの形質と定義した．また，ワイリー (Weily, 1981) は相同 homology を共通の祖先に由来する形質と定義し，その対義語として同形 homoplasy，すなわち共通祖先に由来しない形質，あるいは一方の形質が他方の先在形質でないという語を用いた．そのため，相似は相同の対義語ではなく，同形の中の一型という位置づけになる．相同ではないという意味で，平行進化もまた同形である．

れる．サボテンの棘は葉から起源しているのに対し，バラの棘は茎の突起物であり，見かけは似ているが起源の異なるものである．

(2) 分岐学

　生物の系統関係の研究は，それぞれの生物のもつ特徴，すなわち形質を比較していくことで行われてきた．伝統的な分類学，あるいは系統学では，それぞれの生物群で重要な形質を判断して，それにもとづく分類や系統がつくられてきた．

　このような伝統的な方法に代わる現代的な解析法，すなわち，形質分布の解析による系統再構築法はドイツの分類学者ヘニッヒにより確立された (Hennig, 1950)．彼は伝統的な分類学により行われていた，ある形質を恣意的に重要視して分類体系や系統を考えるのは科学的でないと考え，そしてそれに代わる方法として，できるだけ多数の形質を重み付けをせずに比較して，進化の順序を明らかにする方法を提案した．前述のように，同時代にやはり多数の形質の重み付けをしない方法として数量分類学が登場してきたが，ヘニッヒは下記で説明するように分岐パターンを明らかにする方法を採用した．この方法論は分岐学 cladistics とよばれている．

分岐学においては，解析結果は分岐図 cladogram とよばれる図（グラフ）で表される．分岐図とは，末端に種などの分類群をもち，その祖先種と枝で結んだ木構造の図である．分岐図そのものはあくまでも与えられた生物群における形質分布を表したものであり系統樹ではないが，ある一定の条件をつけることにより，系統樹として扱うことが可能になる．

また，分岐学ではクレード clade という概念が重要である．クレードとは，分岐図の中で祖先種とそのすべての子孫種を含む種群を意味する．クレードは階層をもち，より大きなクレードに内包される．たとえば，タンポポ属は複数の種を含むクレードであるが，このクレードはまた，キク属という異なるクレードを含んだ，より大きなキク科というクレードに内包される．

これまで私たちが使用している既存の生物群は，すべてがクレードというわけではない．本来の意味でのクレードは，祖先種とそのすべての子孫種からなる単系統 monophyletic 群を指す．このクレードの中のいくつかの種が欠けているなら，その群は祖先種とすべてではない子孫種で構成される側系統 paraphyletic 群，あるいは，共通祖先を欠く種群を意味する多系統 polyphyletic 群となる（Box-3 参照）．

(3) 共有原始形質と共有派生形質

分岐学における形質の評価では，形質が相同であるかどうかを判断した後，相同形質を共有原始形質と共有派生形質に区別することが重要である．これは，ある相同形質をもつかどうかという情報により，どの位置でこれらの種が共通祖先をもつことを示すかを決定する，すなわち，共有派生形質からのみ系統関係の推定にとって重要な情報を引き出すことが可能であるからである．

たとえば，6種の維管束植物——ヒカゲノカズラ，ワラビ，トクサ（以上，シダ植物），マツ（裸子植物），ユリ，キク（以上，被子植物）を考えてみよう（図3-2）．すべての維管束植物は，維管束をもつという相同形質を共有する．そのため，この特徴により被子植物をほかの維管束植物から区別することはできない．維管束はここで扱っている分類群の分化以前の祖先に共有されていた特徴であり，このような形質は共有原始形質 shared primitive character とよばれる．これに対し，ユリやキクにみられる子房はすべての被子植物が共有する特徴であるが，シダ植物や裸子植物など，被子植物以外ではみられない形質である．

第3章 系統進化 55

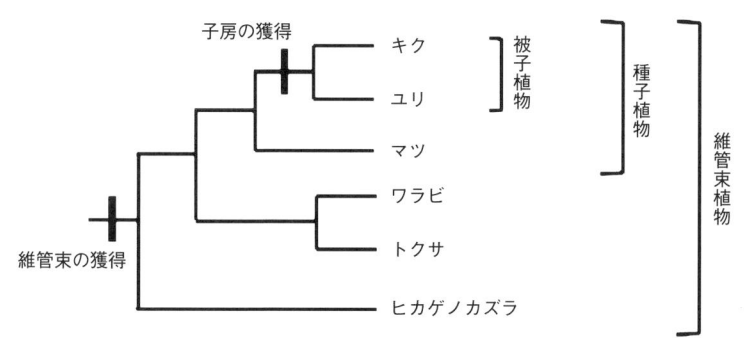

図3-2 6種の植物の系統樹．維管束と子房の獲得は縦線で表している．

このような特定のクレード（この場合は被子植物）のみにみられる進化的新規性は，共有派生形質 shared derived character とよばれる．このような共有派生形質は，その特徴をもつ生物群が共通祖先から生じたこと，すなわち単系統群であることを示すものである．

問題にしている相同形質が共有原始形質か共有派生形質かを判断するときに

Box-3 単系統群・側系統群・多系統群

図 B3-1 には，6種からなる仮想的な系統樹を示している．

単系統群 この系統樹では，A, B, C からなる群1は単系統群，あるいはクレードとよばれる．単系統群は祖先種 X とすべての子孫種からなる．

側系統群 B, C, D からなる群2は，祖先種 Y の子孫種のすべてを含んでいない（A が除外されている）．このように単系統群の基準を満たしていない群は側系統群とよばれる．

多系統群 群3では，異なる系統の種（C, D と E）が含まれている．このような群は多系統群とよばれる．

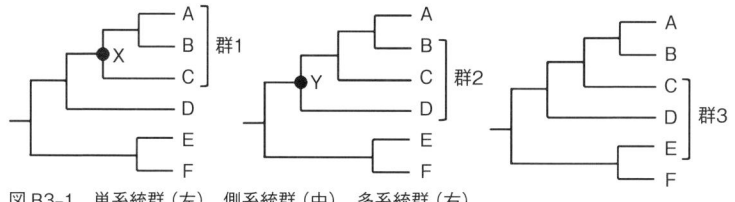

図 B3-1 単系統群（左），側系統群（中），多系統群（右）．

は，その形質の進化してきた方向を知る必要がある．形質進化の方向を決めるには，いくつかの方法が提案されているが，もっとも一般的に用いられるのはつぎに説明する外群比較法である．

(4) 外群

　形質の進化方向を決定することは，対象にしている生物群内での形質のみをみていただけでは困難な場合が多い．このようなときには，外群比較という方法を使って進化方向を決定する．前出の維管束植物の例で考えてみよう．この6種間での形質状態を比較する場合，その進化方向の決定に外群 outgroup を使用する．外群とは，内群 ingroup（研究対象の種群，ここでは維管束植物）に近縁であるが，化石や発生，遺伝子塩基配列などほかの根拠から内群のメンバー間より類縁が低いことが明らかにされている種，あるいは種群のことをいう．この図の例では，コケ植物，たとえばゼニゴケを外群として選択することが可能である（図 3-2）．内群の形質状態を外群の形質状態と比較することにより，形質進化の方向を決定することができる．すなわち，外群のもつ形質状態と同じ形質状態が原始的であり，異なる形質状態は派生的であると判断される．た

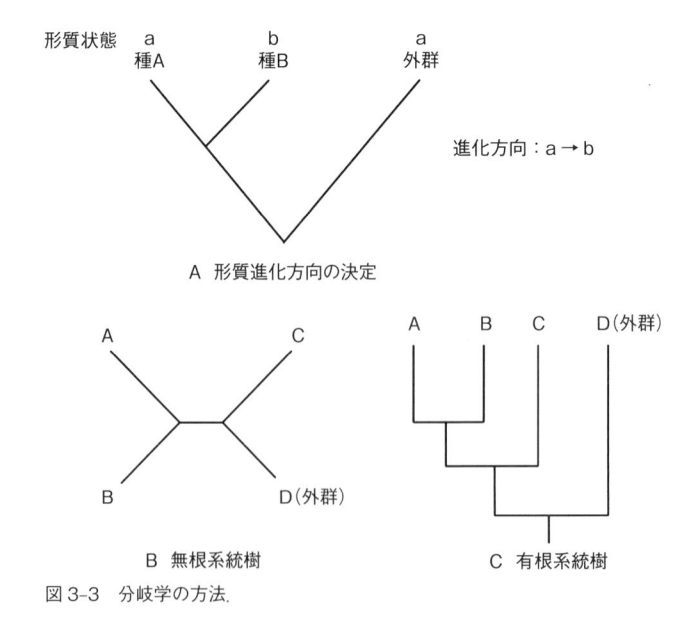

図 3-3　分岐学の方法．

とえば，種子をもつという特徴は，シダ植物ではみられず，被子植物と裸子植物がもつ特徴であるが，外群であるゼニゴケ（コケ植物）では種子をもたないため，シダ植物にみられる種子をもたないという形質状態を原始的であると判断することが可能である（図3-3A）．また，外群は共通祖先が明示されていない無根系統樹に根（共通祖先の位置）をつけて有根系統樹をつくるのにも用いられる（図3-3B, C）．

(5) 分岐図の作成法

形質マトリックスにもとづいて分岐図をつくるには，共有派生形質で分類群をまとめていくという方法を用いる．しかし，実際の解析では，複数の形質間で，派生形質の共有関係が矛盾することがしばしば生じる（図3-4）．

この際の基本的な方針は，調査した形質の分布をもっともよく説明する分岐図の探索である．ここで注意しておきたいのは，それぞれの分岐図は仮説であり，この作業はもっともよい仮説の選択を行っているということである．

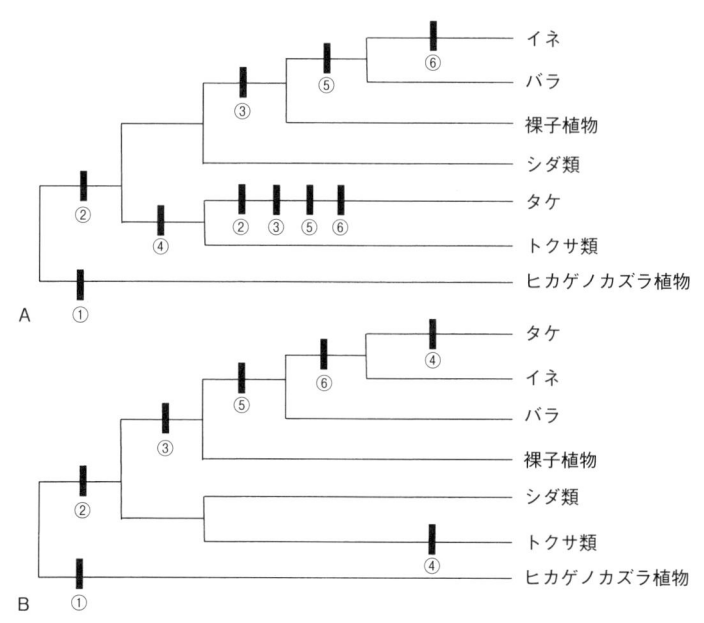

図3-4 形質間のコンフリクト．新規形質の獲得を縦棒で表した．Aは④の茎の節の獲得が1回のみ進化したと仮定した系統樹．Bは④の茎の節の獲得が2回起きたと仮定した系統樹．系統樹全体での形質変化の数はAでは10回であるのに対し，Bは7回のみである．

最節約法の原理に従って，事実と矛盾しないもっとも単純な説明を最初に調査すべきである（最節約法の原理は，不必要な複雑性をそぎ落としたもっとも単純な問題解決手段を提唱した英国の哲学者であるオッカム Williams of Occam にちなんで，「オッカムの剃刀」とよばれる）．形態形質にもとづいた系統樹の場合は，最節約系統樹は，共有派生形質として起きた最小の進化的イベントしか必要としないものである．

(6) 分岐図の実例

実際に分岐図の作成例についてみていこう．図3-5は広義のスイレン科と，マツモ科，ハス科の植物の形質分布である．この研究を行った当時はまだ，分子系統学解析が行われる以前の時代であり，スイレン科はアンボレラに次ぐ現生被子植物の2番目に分岐する群であることや，ハスは真正双子葉植物であり，スイレン科とは系統的に遠く離れた植物であることなどはまだよくわかっていなかった．

まず，各植物（ここでは属ごとに1種）について形質の状態を観察して記録する．その後，それぞれの形質に関して進化方向を決定して，形質マトリックスを作成する．この形質分布に従い，共有派生形質によりまとめていくことにより作成された分岐図が図3-5である（Ito, 1987）．

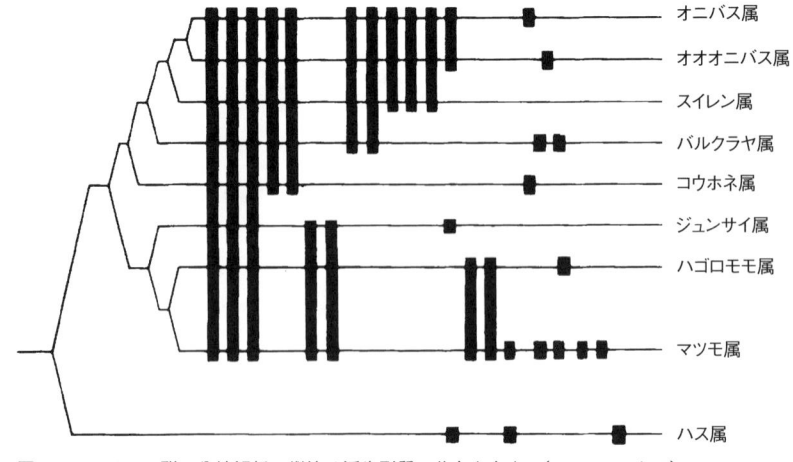

図3-5 スイレン群の分岐解析．縦棒は派生形質の共有を表す．（Ito, 1987 より）

ここでは広義のスイレン科が単系統になること，広義のスイレン科内では狭義のスイレン科とジュンサイ科（ジュンサイ属とハゴロモモ属）がそれぞれ単系統になることが示されている．この結果は最新の分子系統学解析でも支持されている系統関係である（ただし，マツモ属の位置は除く）．

3.3 分子系統学

現在では，生物間の系統関係を知るためにはDNAの塩基配列やタンパク質のアミノ酸配列などの分子情報が中心的に用いられている．分子情報により生物間の系統を推定する学問分野は分子系統学とよばれている．分子系統学は，分子生物学の技術発展によりDNA塩基配列が比較的容易に使用可能となったことと，新たな系統樹作成法の開発，コンピュータの高性能化により20世紀末から急速に発展した．

(1) 分子情報の特徴

DNAの塩基配列やタンパク質のアミノ酸配列などの分子情報は，従来，系統関係の推定に用いられてきた形態などの情報にはない特徴がある．ここではおもにDNA塩基配列のもつ特徴を述べる．

汎用性

分子情報の利点としてまずあげられるのは，その適用範囲の広さである．形態形質を用いた系統解析では，対象生物群について，利用できる相同な形態形質を抽出しなければならない．比較的近縁な分類群の場合は問題にならないかもしれないが，体制が大きく異なる生物間での比較をする場合には，相同な形態形質をとることが困難なことが多い．これに対して分子情報は，基本的にはすべての生物で共通の基盤をもつ．DNAはすべての生物がもち，たとえばヒトと大腸菌との比較も同じ基準で可能である．

また，進化時間のスケーラビリティの点でも特筆すべきものがある．DNA上には多数の遺伝子があり，遺伝子により保存性の高いものから近縁種間でも変異がみられるようなものまである．また，遺伝子をコードしていない領域も系統解析に使用可能である．そのため，生命全体の系統関係の推定から，近縁種

内や同種集団間の系統関係まで，使用する DNA 領域や手法を変えることにより，同一の方法で研究することが可能となる．

規則性

DNA の塩基配列のもつ特徴として，形質変化の規則性がある．DNA の情報は，アデニン (A)，グアニン (G)，チミン (T)，シトシン (C) の4種類の塩基の配列による．挿入や欠損以外は，この4塩基間の移行による変異であるため，形質変化のモデルが容易に作成できる．

もっとも簡単な変化モデルは，すべての塩基間の変化確率が同じものである．しかし，実際の変化に近づけるため，Kimura の2パラメータモデルでは，2種類の異なった塩基——プリンとピリミジンを区別し，プリン間やピリミジン間の変化を転移 transition, 両者間の変化を転換 transversion として変化確率を変えたものにしている (図 3-6)．

分子情報に対して，形態形質は変化パターンが，それぞれの形質ごとに異なることが多い．また，それぞれの形質の進化速度も一定せず，急速に変化する形質や，長期間，ほとんど変化のない形質がある．たとえば，イチョウやメタセコイアなどは中生代から現生種と形態的にほとんど区別できないような化石が発見され，「生きた化石」とよばれている (図 3-7)．このような例では，化石でわかるような表面的な形態はほとんど変化していないが，もしこの中生代の祖先の分子情報が手に入ったなら，現生種との間には経過した時間に見合った

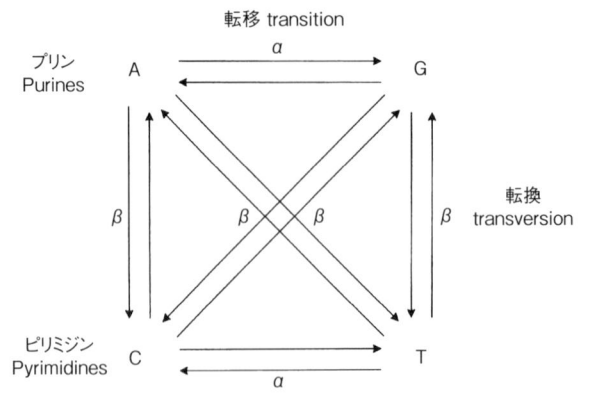

図 3-6　Kimuara の2パラメータモデル．α と β は推移確率を示す．

図 3-7 「生きた化石」．左: メタセコイア．右: イチョウ．

遺伝的変異がみられるはずである．

膨大な情報量

系統解析では，比較する形質の数が少ないと，多くの場合，再現性の高い系統樹はつくれない．その点，DNA 塩基配列では多数の形質を用いることが可能である．たとえば，ヒトのゲノム上には約 30 億塩基の情報がある．そのすべてが系統解析に使えるわけではないが，真核生物の多くは遺伝子を 2 万個以上もち，それぞれが多くの塩基で構成されているため，使用可能な情報は形態情報と比べて膨大である．

(2) 遺伝子の相同性

生物の系統関係を DNA の塩基配列を用いて解析する場合でも形態形質と同様に，相同な形質を比較していく必要がある．それでは，分子情報では相同性をどのように判断したらよいのであろうか．

DNA 塩基配列における相同

生物のゲノム中で，それぞれの DNA 塩基配列 (遺伝子など) は，通常は正確に複製されて子孫に伝わっていく．しかし，ときおり突然変異が起きて，DNA 配列のある部分が変化する．集団が隔離され突然変異が蓄積すると，それぞれ

の塩基配列は祖先の塩基配列とはしだいに異なっていく．このとき，子孫のゲノム中で，同じ祖先の塩基配列から由来した部分は相同配列（遺伝子の場合は相同遺伝子）とよばれる．これは異なった種に属する個体間でも同様である．相同性は1つ1つの塩基の座位にもあてはまり，祖先配列で同じ座位から由来した対応する塩基座は相同な座位とよばれる．

　祖先の配列から現在の各配列まで順にたどっていける場合は，どの部分が相同であるかわかるが，通常は，祖先配列は不明のため，現在得られる配列のみから推定することになる．非常に近縁な種間での比較の場合はそれでも比較的簡単に相同性が把握可能であるが，系統的に離れた種間では，とくに挿入や欠損が生じると相同性の判断がむずかしくなる（3.4節（2）の「アライメント」の項を参照）．

オルソロガス遺伝子とパラロガス遺伝子

　同じ共通祖先遺伝子をもつ遺伝子，すなわち相同遺伝子は，2つのカテゴリーに区分することが可能である．

　生物において，新たな遺伝子が生まれるときには，遺伝子重複という機能が重要である．これは，ゲノム中の遺伝子数を増加させ，さらなる進化的変化を起こす機会を提供するため，進化においてもっとも重要なタイプの突然変異と考えられている．ゲノム全体，あるいは特定の遺伝子の重複という現象は生物進化においてよくみられる現象であり，既存の遺伝子機能を保ちながら新たな遺伝子をつくる素材を提供する．異なる生物間の相同遺伝子のように，遺伝子重複により1つの祖先遺伝子から生じた2つの遺伝子も共通祖先をもつため，やはり相同遺伝子とよぶことになる．これらの相同遺伝子のタイプを異なる名前で区別する必要があり，それぞれオルソロガス遺伝子，パラロガス遺伝子という用語が使われている．

　オルソロガス遺伝子とは，直系で次世代に受け継がれてきたが，種分化により異なる遺伝子プールになった相同遺伝子を指す．これに対してパラロガス遺伝子は，遺伝子重複により同一ゲノム内に2つ以上のコピーができたときの同一個体内，あるいは個体や種において異なる遺伝子座に位置する遺伝子を指す（図3-8）．

　ある遺伝子の塩基配列にもとづいて分子系統樹を作成するときには，このオ

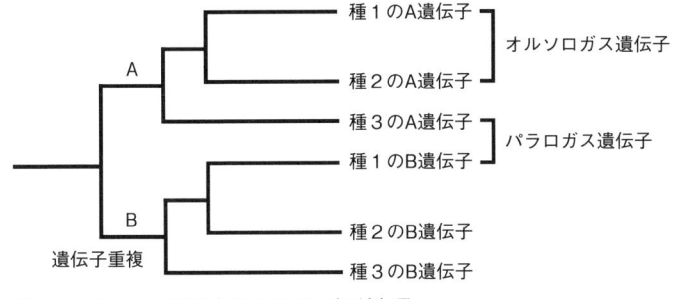

図3-8 オルソロガス遺伝子とパラロガス遺伝子.

ルソロガス遺伝子とパラロガス遺伝子に注意することが重要である．たとえば，図3-8にみられるような遺伝子重複が起こったとする．この場合，各子孫種は2個のパラロガス遺伝子をもつことになる．このようなとき，各種から遺伝子を単離して配列を決定した場合，もし遺伝子重複していて2つの遺伝子をもつことを知らなければ，パラロガスの関係にある遺伝子のどちらを単離したかわからず，それらの遺伝子情報にもとづいてそのまま系統樹を作成すると，実際の系統関係とは異なる系統樹が得られてしまう場合がある．

3.4 分子系統樹の作成法

　それでは，分子情報にもとづく系統樹はどのような方法でつくればよいのであろうか．

　系統樹をつくる作業の前にまず，系統樹作成の手法を選択しなければならない．これまで多数の系統樹作成法が考案されているが，大きく分けて距離行列法，最節約法，最尤法，ベイズ法がある．この中で距離行列法は，塩基配列情報を距離行列に変換してから系統樹を作成する方法である．ほかの方法は，すべての可能な系統樹から最適な系統樹を選択する方法であり，各方法は，その選択基準が異なる．可能な系統樹数は，種数が増えると爆発的に増加するため(Box-4参照)，計算時間が制限要因になる．

　DNAなどの分子情報を用いた系統再構築は，以下のような手順で解析する．

　① 系統解析の対象となる生物種のDNA塩基配列を自分で決定するか，NCBIやDDBJなどのDNA塩基配列データベースから取得する．

Box-4 系統樹の数

　4つのOTUからなる系統樹は，共通祖先の位置を特定した有根系統樹の場合は15通りの組み合せ（トポロジー）が可能である（A）．共通祖先の位置を特定しない無根系統樹は3通りとなる．しかし，OTUの数が増えると急速に増加し，m個のOTUの有根系統樹場合，

$$1 \cdot 3 \cdot 5 \cdots (2m-3) = [(2m-3)!] / [2^{m-2}(m-2)!]$$

となる．すなわち，OTUがたった10個の場合でも，34459425通りの系統樹があり，このすべてについて評価を行うにはたいへんな計算量となる．ちなみに無根系統樹は，有根系統樹の数の式でmの代わりに$m-1$を入れたときと同じになり，10個の場合，2027025通りである．

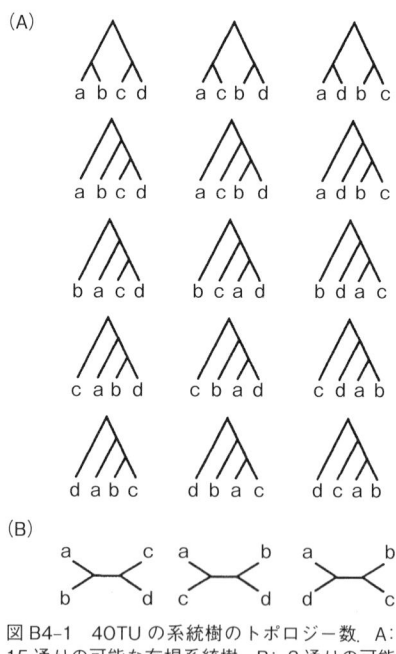

図B4-1　4OTUの系統樹のトポロジー数．A：15通りの可能な有根系統樹，B：3通りの可能な無根系統樹．

② 系統解析の前に，取得した各配列の相同な塩基座を対応づけるアライメントを行う．

③ まずどの方法により系統樹を得るかを選択し，その後に実際に最適な系統樹を選ぶための計算を行う．また，その際，各枝の信頼度の計算も行う．

④ 推定された系統樹が十分な解像度をもつかどうか確認する．不十分な場合は，使用する DNA 領域を変える，あるいはより多くの配列情報を使うなどをする必要がある．

(1) 塩基配列取得

分子系統樹を作成するにはもちろん，対象生物群のある DNA 領域の配列情報が必要である．この際，どのような DNA 領域を選ぶかは，対象とする生物群の範囲がどの程度かによる．遺伝子やその他の DNA 領域の塩基配列は，同じ系統の生物群の中でも異なる速度で変化する．そのため，分子系統樹はどのような領域を使用するかに応じて，近縁な種群あるいは生物全体といった幅広いタイムスケールの進化関係を扱うことが可能となる．たとえば，リボソーム RNA の遺伝子は変化のスピードが非常に遅い．そのため，この遺伝子の塩基配列を用いることにより，数億年から数十億年前に分化した分類群間の関係の研究も可能である．

基本的には各生物の塩基配列は自分で決定する必要があるが，現在では DNA の塩基配列情報が大量にデータベース化されており，インターネットを通じて取得することが可能である．

(2) アライメント

分子データがそろった後，系統樹作成のために最初に行うのが，配列間の相同性の検証である．非常に近縁な種間で配列を比較する場合，おそらく数カ所の違いしかないため，それほど問題にはならない．しかし，分岐してから長い時間を経た種間では，多くの座位で塩基が異なっていて，さらにしばしば配列長が異なる場合もある．これは，挿入や欠損という突然変異が蓄積した結果，遺伝子配列長が変化するためである．このような挿入や欠損があると，DNA 塩基配列をたんに前から並べるだけでは，相同な塩基座位が対応しなくなる．この問題を回避するため，相同な塩基座位を対応させるアライメントという作業

(1)
A：TCAG-A-CGAGTG
B：TC-GGAGC---TG

(2)
A：TCAGACGAGTG
B：TCGGAGCTG

図 3-9　DNA 塩基配列のアライメント．2 つの塩基配列のアライメントの例．(1) は一致塩基数を最大化した場合，(2) はギャップ数を最小化した場合．

を行う．アライメント作業はたいへんな労力をともなうため，通常，コンピュータ・プログラムを利用するが，どのような基準で行うかにより結果が異なるので，各パラメータの設定には注意が必要である（図 3-9）．

(3) 系統解析法の選択

アライメント後はまず，どのような方法で系統樹再構築をするかを選択する必要がある．系統樹を作成する方法はこれまでに多数提案されているが，大きく分けると，塩基配列情報を用いて種間の遺伝的距離を計算し，その結果の距離行列にもとづく方法（距離行列法）と，すべての可能な系統トポロジーを比較し，ある判定基準でもっとも優れた系統樹を選択する方法がある．以下にそれぞれの特徴についてみていく．くわしい手法については専門書（根井・クマー，2006 など）を参照されたい．

距離行列法

距離行列法では，塩基配列データをいったん距離行列に変換してから系統樹の作成を行う．距離行列への変換には多くの方法があるが，通常は配列間における 1 塩基あたりの塩基置換数の推定値が距離として用いられる．塩基置換数の推定にはすべての塩基置換を同等に扱う Jukes-Cantor 法や，転移と転換を区別して推定する Kimura の 2 パラメータ法がよく用いられている．

① 平均距離法 (UPGMA)

　距離行列法の中で，アルゴリズムの比較的簡単な手法は平均距離法 (UPGMA) であり，系統解析の初期によく用いられていた．遺伝的距離の短い OTU を結合して新たな 1 つの OTU とみなし，ほかの OTU からの距離を，その平均値として計算し直す．この操作を繰り返すことにより系統樹が得られる．このアルゴリズムでは，結合する 2 つの OTU 間の塩基置換数を両系統で半分ずつに割りあてるため，両者が同じ進化速度 (塩基置換の確率) をもつことを仮定することになる．そのため，得られた系統樹は全 OTU が同じ長さでそろうこととなる (図 3-10A)．また，同様な理由で自動的に全 OTU の共通祖先にあたる根 (ルート) が決まる．しかし，実際には進化速度の一定性の仮定は非現実的なことが多く，現在では進化速度の一定性が担保されない限り，ほとんど用いられていない．

② 近隣接合法 (N-J 法)

　平均距離法は，末端の OTU が直線上に並び，共通祖先の位置である根 (ルート) も自動的に決定されるため，直感的にわかりやすいが，上記のように「進化速度の一定性」が仮定されているという大きな欠点がある．そのため，この「進化速度の一定性」を前提にしない系統樹作成法が必要となる．

　この要求に応えた方法が近隣接合法 Neighbor-Joining Method (N-J 法) である．近隣接合法では，OTU 間の距離をできるだけ忠実に反映した系統樹を作成

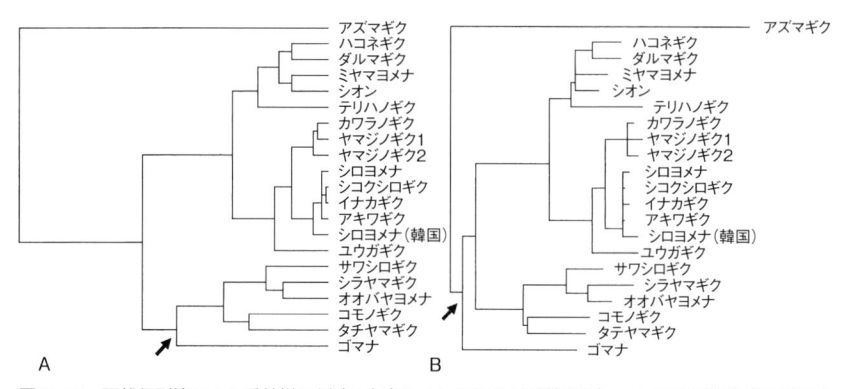

図 3-10　距離行列法による系統樹の例 (日本産シオン属の分子系統解析)．A: 平均距離法 (UPGMA) による系統樹，B: 近隣接合法 (N-J 法) による系統樹．矢印のゴマナの分岐の位置に注目．

する．そのため，結合された2つのOTUの枝長は異なり，実際の塩基置換数を反映したものとなる．その代わり，平均距離法と異なり，自動的には根（ルート）が決定できない．そのため，近隣接合法では，根（ルート）を決定するためには外群を解析に加える必要がある（図3-10B）．

最節約法

最節約法では，形態形質を使った分岐学で用いられるものと同じ手法を用いる．すなわち，分子系統樹の場合は，形質が塩基配列やアミノ酸配列であるので，可能な系統樹の中からもっとも塩基置換数やアミノ酸置換数の少ない系統樹を探索する．

最節約法では，距離行列法と異なり，塩基配列やアミノ酸配列の形質状態をそのままの形で利用する（たとえば，A→GとA→Cは区別される）．そのため，距離行列法よりはデータのもつ情報をより有効に利用しているといえる．他方，原則的にはすべての系統樹のトポロジーについて検討する必要があるため，OTU数が多くなると，探索をするトポロジーが膨大になって，実用的な時間内に計算が終了しないことになる．現実的には，発見的探索法などの方法を用いてすべてのトポロジーについて検討しないで結果を出すが，この場合はほんとうに最節約系統樹であるという保証はない．

最尤法

最尤法とは，事前に決めた変化確率モデルに従ったときの尤度（もっともらしさ）が最大になるような系統樹を探索する方法である．最節約法と同じように，原則的にはすべての系統樹のトポロジーについて検討する必要がある．確率モデルにもとづいた尤度をそれぞれの系統樹について計算するため，さらに計算時間が増加する．そのため，実際には最節約法と同様に，発見的探索法などが使用される．

最尤法は，確率モデルを事前に決めることが必要であり，このモデルが実際の変化に適合していれば，最節約法よりも，よい結果が得られることが期待される．しかし，モデルが実際とは合わない場合は，逆に正しい系統樹が得られない場合もある．

ベイズ法

最尤法は，尤度が最大となるような系統樹を求める方法であるのに対し，ベイズ法は,「ベイズの定理」にもとづいた事後確率が最大となるような系統樹を求める方法である．事後確率とは，ある条件下（この場合は実際の分子データ）において，もっともよい確率モデルである．

ベイズ法では，マルコフ連鎖モンテカルロ（MCMC）法という方法が用いられる．MCMC 法では初期系統樹の樹形を攪乱することで，より事後確率の高い系統樹を発見的に探索していく．この探索過程を繰り返すことにより，しだいに収束させて，最終的に事後確率分布を得る．こうして求めた事後確率が 50％以上の単系統群をまとめた系統樹をつくる．

(4) 系統樹の信頼度

得られた系統樹が，どのくらいの信頼性をもっているかは，系統樹上の各枝の信頼度を計算することにより判断する．距離行列法などでは，統計学的に信頼限界が計算できる場合もあるが，ほかの方法も含め，一般的には統計学的に正確な信頼限界を求めることは困難である．そのため，系統解析に使用した情報の再サンプリングを行い，系統樹がどのくらいの割合で再現されるかにより判断することが一般的である．

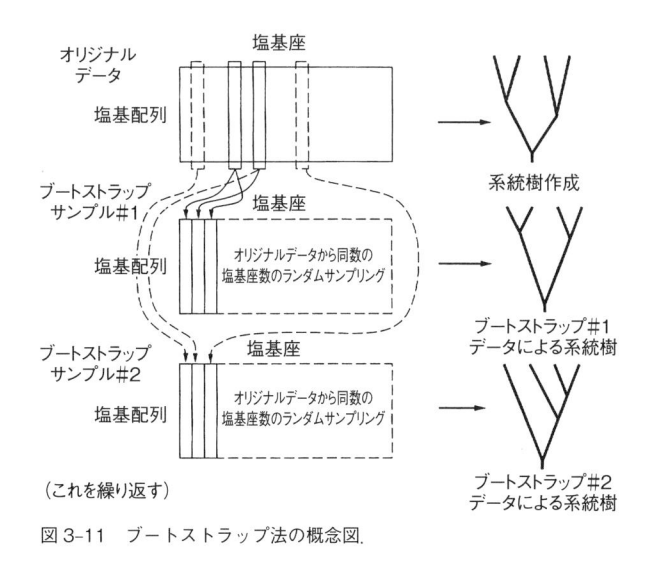

図 3-11　ブートストラップ法の概念図．

ブートストラップ法では，アライメントされた塩基座を用いて，配列長の回数だけランダムに再サンプリングして新しいデータセットをつくり，系統樹を作成する作業を繰り返す (図 3-11)．そして，注目する枝によりまとめられているクレードが全体の中で何 % 再現されたかにより信頼度を判断する．この数値はブートストラップ値とよばれ，該当の枝に % 値として記入される．

　ブートストラップ法は，どのような系統樹作成法においても利用可能であるが，ベイズ法では，計算時間の制限などから，ブートストラップ値を用いるのは現実的でなく，事後確率によって各枝の単系統性を評価する．

4 被子植物の系統と分類体系

　被子植物は，現在の地球の陸上生態系においてもっとも多様化している植物群である．被子植物はまたその多数の種が，食料その他として人間に利用されている．そのため，被子植物の種の認識と分類は，古くから行われてきた．

4.1 被子植物の分類体系の歴史

(1) リンネの 24 綱分類

　ほかの生物と同様に，植物の分類体系の歴史は，実質的にはリンネから始まった．リンネは 1735 年に出版した『自然の体系 *Systema Naturae*』において，植物を 24 の綱に区分した．これは「24 綱分類」とよばれるもので，花の特徴，とくに雄ずいと雌ずいを重要視して分類を試みたものである．ここでは雌ずい，雄ずい両者の数によって分類を行っている（図 4-1）．ここで採用された分類は，花の雄しべと雌しべの数を数えることにより，だれでも未知の植物の所属を簡単に決めることが可能な実用的体系である．しかし，同時に数だけで決めるのはあまりに人為的であり，実際に批判もされた．

　リンネの時代には，まだ生物が進化するという思想はほとんどなく，生物の種は不変と考えられていた．

(2) エングラー & フッカーの体系

　現在用いられている被子植物の分類体系のもとになったものは，19 世紀につくられている．その中で代表的なものはエングラーとプランテルの体系と，ベンサムとフッカーの体系である．この時代にはすでにダーウィンの進化論は一般的になり，分類体系も，進化の歴史，すなわち系統を反映した，いわゆる自然分類体系の構築を目指していた．

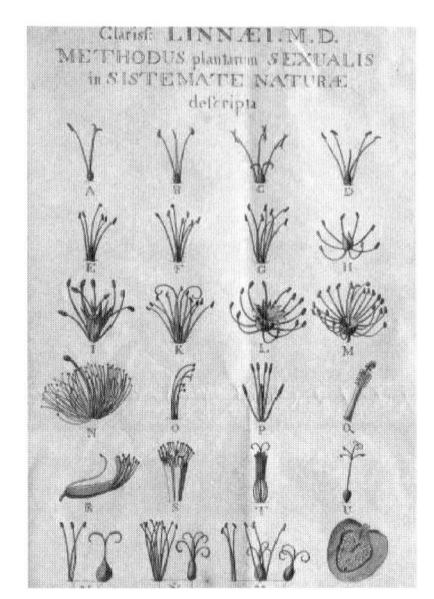

図 4-1　リンネの 24 綱分類.

　エングラー Adolf Engler とプランテル Karl Prantl は，被子植物において花被の有無と，心皮の離生・合生を重視した分類方式を採用した．そのうえで，花の進化の方向を考え，単純な構造の花をもつ植物を前に，複雑な花をもつ植物を後にして配列した．そのため，被子植物の中では，雌雄の花が別につき，それぞれ，雌ずいと雄ずいのみからなるモクマオウ科が最初に配列されている（図 4-2A）．ちなみにもっとも複雑とされて最後に配置された科は双子葉植物ではキク科，単子葉植物ではラン科である．エングラーとプランテルの体系は，1964 年に改訂され，新エングラー体系として用いられている（Melchior, 1964）．

　一方，ベンサム George Bentham とフッカー Joseph Dalton Hooker は，被子植物では花被をもつのが原始的であり，コショウ目などの無花被植物は，花被の欠損によると考えた．花被をもつモクレン科（図 4-2B）などを被子植物の中でもっとも原始的とし，子房を重視した．このような体系は後にアーバー Agnes Arber，ハッチンソン John Hutchinson，ベッセイ Charles Edwin Bessey らも採用した．

　これらの体系は，どのような花が原始的であるかという考えにもとづいてい

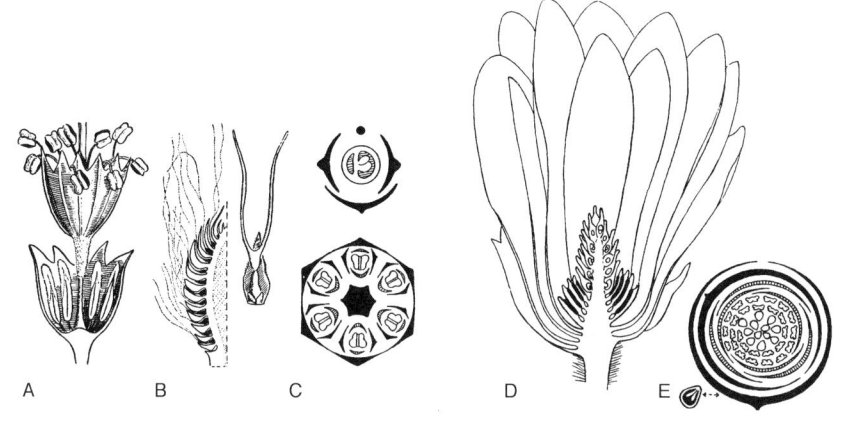

図4-2 モクマオウ属 (A–C) とモクレン属 (D, E). C, E は花式図. (Melchior, 1964 より)

る．エングラーとプランテルの体系では，偽花説が根底にある．

偽花説は「花が複数の枝の集合によりできた」という考えであり，胚珠と小胞子嚢（雄ずいの葯）をつけるシュートが別である状態が祖先段階であると仮定し，これらシュートを含む軸系が短縮し，枝の腋についていた苞（ほう）から花被片が生じ，花が進化したと考える．偽花説の背景には，現生にみられる裸子植物が被子植物の祖先であるという考えがあり，単純な構造の，雌雄が別の花である状態が原始的であるということになる．

一方，ベンサムとフッカーの体系は，真花説にもとづく．真花説とは「花の器官はすべて葉が変形したものであり，花は葉のついたシュートが短縮したものである」という考えである．すなわち，葉に由来する多数の雌ずいと雄ずいがらせん状に配列し，多数の花被片様の器官に囲まれた両性の胞子嚢穂が花になったと考える．このような花はソテツ類や化石裸子植物のベネチテス目 Bennetitales の生殖穂から起源したと想定されていた（図4-3）．

(3) クロンキストの体系

クロンキストは，豊富な形態形質の情報にもとづき被子植物全体を網羅するような分類体系を構築した（Cronquist, 1981）．この分類体系は，ベンサムとフッカーの体系と同様に，モクレン型の花が原始的であるという考えにもとづ

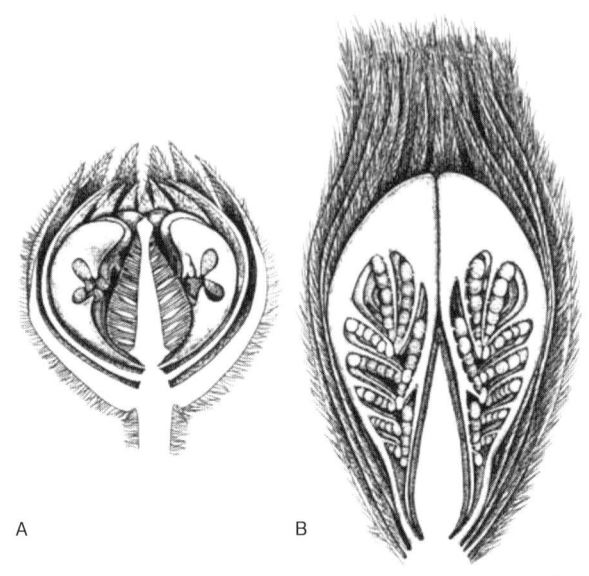

図4-3 化石裸子植物ベネチテス目の生殖器官．ほとんどの裸子植物では，雌雄の生殖器官は異なる軸上につくが，ベネチテス目では両者が1つの軸上につく．A: ウィリアムソニア *Williamsonia*，B: キカデオイデア *Cycadeoidea*．

いた体系であり，最近まで広く利用されてきた分類体系である．クロンキストは，おもに花の形質を重視し，可能な限り系統進化を反映するようにこの分類体系を構築したが，後述のように，分子系統学的解析の結果とは矛盾するところもみられる（表4-1）．

(4) APG 分類体系

1980年代より，葉緑体DNAを中心とした分子系統学的解析が可能になり，これまでよりくわしい被子植物の系統関係が明らかになってきた．従来の分類体系と分子系統樹との間に矛盾が生じ始め，新たな知見にもとづいた分類体系が求められ，国際プロジェクトであるAngiosperm Phylogeny Group (APG) により新体系の構築が行われた．

APG分類体系の初版は1998年に公表された．初版（APG I）では，分子系統学的研究の成果を取り入れ，基本的に単系統群について目や科の名称を与えている（APG, 1998）．そのため，多くの目や科の定義が従来の分類体系から大き

表 4-1 クロンキストの分類体系.（Cronquist, 1981 より）

モクレン綱（双子葉植物綱） Magnoliopsida		ユリ綱（単子葉植物綱） Liliopsida
モクレン亜綱 Magnoliidae	ツツジ目 Ericales	オモダカ亜綱 Alismatidae
モクレン目 Magnoliales	イワウメ目 Diapensiales	オモダカ目 Alismatales
クスノキ目 Laurales	カキノキ目 Ebenales	トチカガミ目 Hydrocharitales
コショウ目 Piperales	サクラソウ目 Primulales	イバラモ目 Najadales
ウマノスズクサ目 Aristolochiales		ホンゴウソウ目 Triuridales
シキミ目 Illiciales	バラ亜綱 Rosidae	
スイレン目 Nymphaeales	バラ目 Rosales	ヤシ亜綱 Arecidae
キンポウゲ目 Ranunculales	マメ目 Fabales	ヤシ目 Arecales
ケシ目 Papaverales	ヤマモガシ目 Proteales	パナマソウ目 Cyclanthales
	カワゴケソウ目 Podostemales	タコノキ目 Pandanales
マンサク亜綱 Hamamelidae	アリノトウグサ目 Haloragales	サトイモ目 Arales
ヤマグルマ目 Trochodendrales	フトモモ目 Myrtales	
マンサク目 Hamamelidales	ヒルギ目 Rhizophorales	ツユクサ亜綱 Commelinidae
ユズリハ目 Daphniphyllales	ミズキ目 Cornales	ツユクサ目 Commelinales
ディディメレス目 Didymelales	ビャクダン目 Santalales	ホシクサ目 Eriocaulales
トチュウ目 Eucommiales	ラフレシア目 Rafflesiales	サンアソウ目 Restionales
イラクサ目 Urticales	ニシキギ目 Celastrales	イグサ目 Juncales
レイトネリア目 Leitneriales	トウダイグサ目 Euphorbiales	カヤツリグサ目 Cyperales
クルミ目 Juglandales	クロウメモドキ目 Rhamnales	ヒダテラ目 Hydatellales
ヤマモモ目 Myricales	アマ目 Linales	ガマ目 Typhales
ブナ目 Fagales	ヒメハギ目 Polygalales	
モクマオウ目 Casuarinales	ムクロジ目 Sapindales	ショウガ亜綱 Zingiberidae
	フウロソウ目 Geraniales	パイナップル目 Bromeliales
ナデシコ亜綱 Caryophyllidae	セリ目 Apiales	ショウガ目 Zingiberales
ナデシコ目 Caryophyllales		
タデ目 Polygonales	キク亜綱 Asteridae	ユリ亜綱 Liliidae
イソマツ目 Plumbaginales	リンドウ目 Gentianales	ユリ目 Liliales
	ナス目 Solanales	ラン目 Orchidales
ビワモドキ亜綱 Dilleniidae	シソ目 Lamiales	
ビワモドキ目 Dilleniales	アワゴケ目 Callitrichales	
ツバキ目 Theales	オオバコ目 Plantaginales	
アオイ目 Malvales	ゴマノハグサ目 Scrophulariales	
サガリバナ目 Lecythidales	キキョウ目 Campanulales	
ウツボカズラ目 Nepenthales	アカネ目 Rubiales	
スミレ目 Violales	マツムシソウ目 Dipsacales	
ヤナギ目 Salicales	カリケラ目 Calycerales	
フウチョウソウ目 Capparales	キク目 Asterales	
バティス目 Batales		

く変更され，科などの名称も変更されたものが多かった．たとえば，従来のユキノシタ科やユリ科はいくつかの科に分割されている（Box-5参照）．そのほかにも従来の高次分類階級との不整合など，実際に分類体系として用いるには不便であった．

その後の知見を加え，また，従来の分類体系との整合性に重点を置き，2003年に改訂版のAPG IIが公表された．しかしこのAPG IIでは，いくつかの科の

Box-5 ユリ科

分子系統学的解析の結果，エングラーやクロンキストの体系で認められてきたユリ科が，さまざまな系統群の集合であることが明らかになってきた．これらの分類体系では，科を認識するのに，おもに花の形質を重視している．ユリ科は基本的には子房上位合生心皮，離弁性の内外3枚ずつの花被を有する花をもつ植物群である．これらの特徴は原始的特徴であり，ユリ科は原始共有形質でまとめられてきた科である．

現在では，分子系統学的解析の結果にもとづきユリ科は細分され，ヒガンバナ科やイワショウブ科など，多数の異なる目に属する異なった科に分割されている（APG, 2003, 2009）．

表B5-1 古典的ユリ科に含まれていた日本産植物（APG IIIの科）．新しい分類体系では，古典的ユリ科は系統的に離れたいくつもの科に分解されている．また，ヒガンバナ科など，従来の分類体系で認められていた科に含められた植物群もある．

オモダカ目	
	イワショウブ科
ヤマノイモ目	
	ヤマノイモ科
	キンコウカ科
ユリ目	
	ユリ科
	シュロソウ科
	サルトリイバラ科
クサスギカズラ目	
	ヒガンバナ科
	クサスギカズラ科
	キンバイザサ科

Box-6 分解したゴマノハグサ科

　ゴマノハグサ科は，従来の分類は合弁花植物のゴマノハグサ目に含まれていた．クロンキストの分類体系ではゴマノハグサ目は 12 の科に分類されていた (Cronquist, 1981).

　分子系統学的解析の結果，従来ゴマノハグサ科として分類されてきた植物群は多系統群であり，その一部はハマウツボ科やオオバコ科などとクレードをつくる

表 B6-1　従来のゴマノハグサ科と APG III における科名．実線は APG III の科，破線はクロンキストの分類体系の科．

ゴマノハグサ科	ゴマノハグサ科 　ゴマノハグサ属　*Scrophularia* 　キタミソウ属　*Limosella*	フジウツギ科 　フジウツギ属　*Buddleja*
ハマウツボ科	ゴマクサ属　*Centranthera* コゴメグサ属　*Euphrasia* ヤマウツボ属　*Lathraea* ママコナ属　*Melampyrum* スズメハコベ属　*Microcarpaea* クチナシグサ属　*Monochasma* シオガマ属　*Pedicularis* コシオガマ属　*Phtheirospermum* センリゴマ属　*Rehmannia* ヒキヨモギ属　*Siphonostegia*	ハマウツボ科 　ナンバンギセル属　*Aeginetia* 　オニク属　*Boschniakia* 　ハマウツボ属　*Orobanche*
アゼナ科	ウリクサ属　*Lindernia* ツルウリクサ属　*Torenia* スズメノハコベ属　*Microcarpeae*	
オオバコ科	ツタバウンラン属　*Cymbalaria* サワトウガラシ属　*Deinostema* アブノメ属　*Dopatrium* キクガラクサ属　*Ellisiophyllum* カミガモソウ属　*Gratiola* シソクサ属　*Limnophila* ウンラン属　*Linaria* イワブクロ属　*Penstemon* ルリトラノオ属　*Pseudolysimachion* クワガタソウ属　*Veronica* クガイソウ属　*Veronicastrum*	オオバコ科 　オオバコ属　*Plantago* スギナモ科 　スギナモ属　*Hippuris* アワゴケ科 　アワゴケ属　*Callitriche* ウルップソウ科 　ウルップソウ属　*Lagotis*
ハエドクソウ科	サギゴケ属　*Mazus* ミゾホオズキ属　*Mimulus*	クマツヅラ科 　ハエドクソウ属　*Phryma*

ことが明らかになった (Young *et al.*, 1999; Olmstead *et al.*, 2001). AGP III 体系では，この矛盾を解決するため，ゴマノハグサ科はハマウツボ科やオオバコ科を含むシソ目内のいくつかの科に分解された. クロンキスト体系における日本産ゴマノハグサ科は分解され，従来のほかの科 (オオバコ科やハマウツボ科など) と統合された結果，APG III 体系では5つの科に分かれた.

いくつかの変更点を取り上げてみると，日本産ゴマノハグサ科はゴマノハグサ属とキタミソウ属の2属を残し，ほかは別の科とされた. また，従来のフジウツギ科がゴマノハグサ科に統合されている. シオガマ属やコゴメグサ属など，半寄生植物を多く含む属は，寄生植物から成り立っていたハマウツボ科に統合された. また，クワガタソウ属やクガイソウ属などは，オオバコ科となった (表 B6-1; APG, 2009).

範囲を使用者にゆだねる箇所があるなど，まだ完成版には至っていなかった (APG, 2003). 2009年にはAPG IIIが公表され，APG IIの欠点を修正した体系が示された (APG, 2009; Box-6参照). 今後はこのAPG IIIが標準の分類体系として普及していくと予想される. 以下にAPG分類体系の基本となっている被子植物の系統とAPG IIIについての詳細をみてゆく.

4.2 分子系統解析により明らかになった被子植物の系統と進化

被子植物の系統進化は古くから興味の対象であった. もっとも原始的な花はどのようなものであるかについては，19世紀末からさまざまな方法を用いて研究されてきた. 実際に現生の被子植物の系統関係が明らかになったのは，十分な量のDNA塩基配列情報が系統解析に使えるようになった1990年代以降である. ここでは，これまで明らかになった被子植物の系統関係の概略について説明する.

(1) 基部被子植物

被子植物における分子系統学的解析は，おもに葉緑体DNAを用いた研究で進められた. これは核ゲノムと異なり，葉緑体DNAは1細胞中に多数のコピー

が存在するので，検出や増幅が容易であるためである．植物では動物とは異なり，ミトコンドリアゲノムの進化速度が非常にゆっくりであるために，あまり系統解析には使用されない．とくに，光合成において，炭素固定を触媒する重要な酵素であるルビスコタンパク質 RubisCO の大サブユニットをコードしている *rbcL* 遺伝子は，保存性が高く，被子植物の大系統を解明するのに適しているとして，植物の分子系統学の初期のころから数多くの植物の科で精力的に配列決定が行われた．

　rbcL を用いた研究の初期の集大成はチェイス Mark W. Chase らによる論文である (Chase *et al.*, 1993)．種子植物約 500 種におよぶデータセットを用いて大規模な系統解析が行われた．その結果，マツモがほかの被子植物の姉妹群として同定された (図 4-4)．しかし現在では，この結論はまちがいであることが

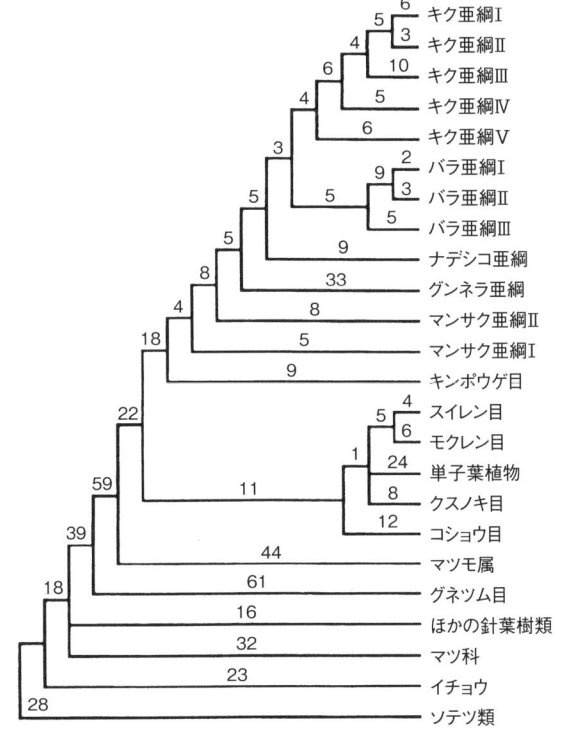

図 4-4　分子系統学の初期の被子植物分子系統樹．葉緑体 DNA 上の *rbcL* 遺伝子の DNA 塩基配列にもとづいた系統樹．(Chase *et al.*, 1993 より)

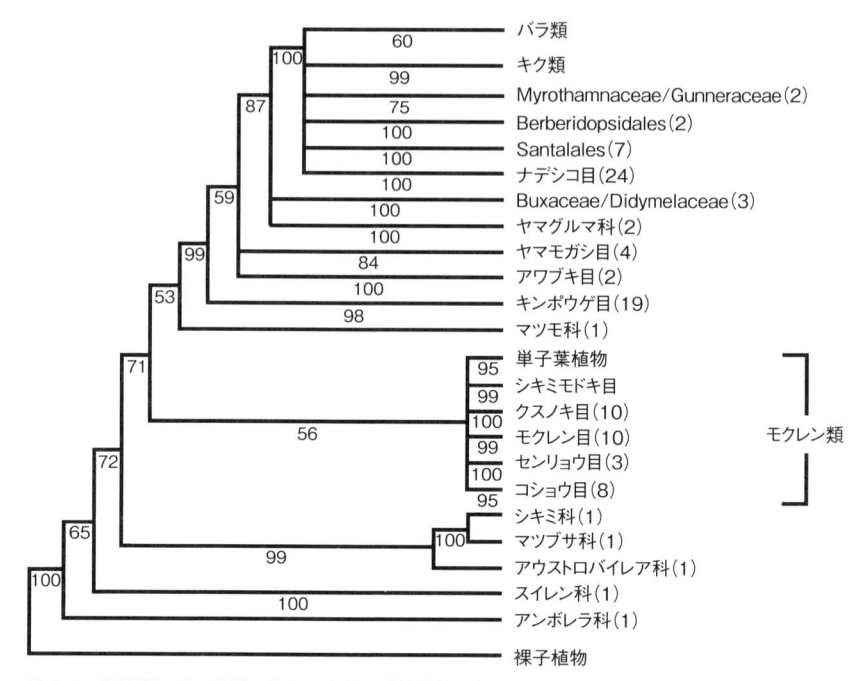

図 4-5 複数遺伝子の配列にもとづく分子系統学的研究による被子植物の系統関係の概要.（Soltis et al., 1999 より）

わかっている.

現在の被子植物の系統関係の大勢が決まってきたのは，葉緑体ゲノムの単一遺伝子による解析でなく，核やミトコンドリアゲノム上の遺伝子を含む複数の遺伝子による解析が行われるようになってからである．Soltis ら (1999) は，4つの遺伝子による系統解析を行った．これらの解析の結果，アンボレラ *Amborella tricopoda* が現生被子植物の中ではもっとも初期に分岐したものであるという結論に至った（図 4-5；Soltis *et al.*, 1999).

現生被子植物の最初の分岐群――アンボレラ

アンボレラは南太平洋上にあるニューカレドニア島の固有種であり，アンボレラ科に属する 1 科 1 属 1 種の低木あるいはつる性の植物である．アンボレラは道管をもたないなど，昔から原始的な被子植物として注目されていた．しかし，雌雄異株で，花は比較的小型である．これらの研究では，もう 2 つのグルー

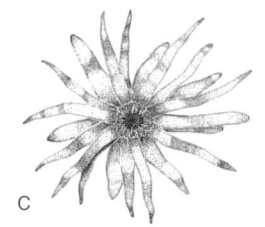

図 4-6 基部被子植物. A: アンボレラ, B: スイレン, C: シキミ.

プ, スイレン群とシキミ群の系統がアンボレラに次ぐ被子植物の初期分岐群として同定された (図 4-6A).

スイレン群

アンボレラに次ぐ分岐はスイレンの仲間である (図 4-6B). 分岐解析の例のところで述べたように, スイレン類はスイレン科とジュンサイ科, および比較的最近スイレン目に加えられたヒダテラ科の 3 科からなる.

シキミ群

シキミ群は ITA ともよばれ, シキミ科 Schisandraceae, トリメニア科 Trimeniaceae, アウストロベイレヤ科 Austrobeileyaceae をまとめた群である (図 4-6C). シキミ科やトリメリア科は, クロンキストの体系などではモクレン目に入れられていたが, 分子系統学的解析からアウストロベイレヤ科と近縁であることが明らかになり, 3 科はシキミ目に入れられた. これらの名前の頭文字をとり, ITA とよばれる (I はシキミ属 *Illicium* の頭文字). ITA に属する植物群は, 従来の形態形質でははっきりとした共有派生形質がなく, 分子情報により明らかになったクレードである. アンボレラとスイレン群を加えた基部被子植物は, ANITA とよばれている. 基部被子植物とは, 被子植物の系統進化の初期に分岐した植物群のことをいう.

アンボレラとスイレン類が被子植物の 1, 2 番目の分岐であることは, たんなる遺伝子配列の類似だけでなく, 質的な分子情報によっても支持されている. Aoki ら (2004) は, 花器官決定遺伝子の B クラス遺伝子群の系統解析を行い, 被子植物の共通祖先で, PI 遺伝子と AP3 遺伝子が遺伝子重複により分かれた後に PI 遺伝子で 2 アミノ酸の欠損が起きていることを明らかにした. この欠損

はほとんどの被子植物にみられるが，アンボレラとスイレン類にはみられない．PI遺伝子は，遺伝子重複により生じたものであり，裸子植物の相同遺伝子との比較により欠損のない状態が祖先的である．このことは，アンボレラとスイレン類が分岐した後，ITAとほかの被子植物が分岐する前にこの欠損が起きたことを意味し，アンボレラとスイレン類が現生の被子植物のもっとも初期に分岐した群であることを支持する (Aoki et al., 2004)．

(2) モクレン群

基部被子植物に続いて分岐した植物は，モクレン群と単子葉植物である．モクレン群は，モクレン科やセンリョウ科，コショウ科など，多様な形態の植物群を含むが，その間の系統関係はまだ未解明な部分が多い．

モクレン科やシキミモドキ科などは，長い花軸にらせん状に配列した多数の離生心皮と雄ずい，花弁などといった花の形態から，もっとも原始的な被子植物の1つとされたこともあったが，現在のこれらの植物群は前述の3群の後に分化したものであることがわかっている．一方，センリョウ科やコショウ科は単純な構造の花をもち，こちらも一時，原始的な花形態とされたこともある．

(3) 単子葉植物

被子植物は，古典的には双子葉植物と単子葉植物に分類される．これは，子葉数をはじめとして，多くの形質がこの2群で異なるからである．しかし，被子植物の分子系統解析から，単子葉植物は単系統群であるが，被子植物から単子葉植物を除いた双子葉植物は側系統群であることが明らかになった（図4-5を参照）．

前述のように，現生の被子植物のもっとも古い分岐群はアンボレラであり，双子葉植物に属する．単子葉植物は，被子植物進化の初期に，双子葉植物の特徴をもつ祖先から生じたものである．そのため，単子葉植物と双子葉植物を区別することは，実用上は便利であるが，被子植物の系統を反映したものではない．

それでは，単子葉植物が双子葉植物のほかの系統から分化してからのもっとも古い分岐群はなにであろうか．最新の解析によると，ショウブやセキショウの属するショウブ属のみからなるショウブ科が単子葉植物でもっとも基部の分岐であり，単独のショウブ目Acoralesとされている．続く分岐はオモダカ目

第 4 章 被子植物の系統と分類体系 83

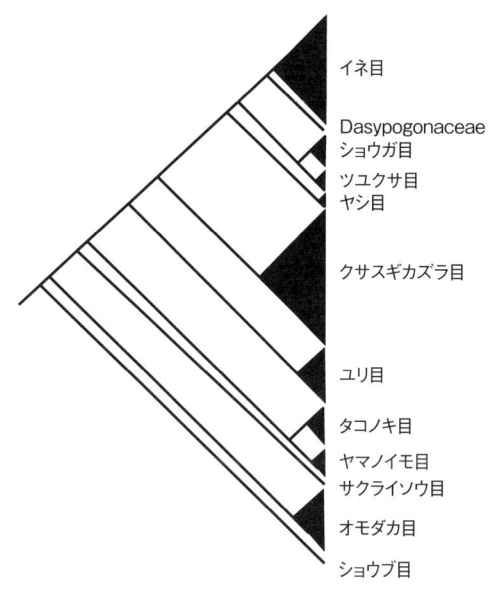

```
         イネ目
         Dasypogonaceae
         ショウガ目
         ツユクサ目
         ヤシ目
         クサスギカズラ目
         ユリ目
         タコノキ目
         ヤマノイモ目
         サクライソウ目
         オモダカ目
         ショウブ目
```

図 4-7　分子系統解析にもとづく単子葉植物の系統.

で，オモダカ科やトチカガミ科，ヒルムシロ科など，エングラー体系やクロンキスト体系で原始的な単子葉植物とされてオモダカ目に入れられていた科に加え，サトイモ科もオモダカ目のクレードに入っている（図4-7）．

(4) 真正双子葉植物

　被子植物の大規模分子系統解析で明らかになった重要なもう1つの点は，真正双子葉植物という系統群の認識である．

　この真正双子葉植物として認識された群は，これまで双子葉植物に入れられていた植物の多くを含む．また，従来，原始被子植物の一群とされてきたキンポウゲ科やその近縁な科（キンポウゲ目）も含まれている．これらの植物には，離生心皮の花をもつものが多く，キンポウゲ属では伸長した花床に雄しべや雌しべが多数らせん状につく，いわゆるモクレン型の花をもつ．

　この真正双子葉植物を，基部被子植物やモクレン群と区別するような特徴はなにであろうか．真正双子葉植物の特徴的な共有派生形質は，基本的に三溝粒の花粉をもつことである．種子植物のもつ花粉は，雄の配偶体を運搬する構造

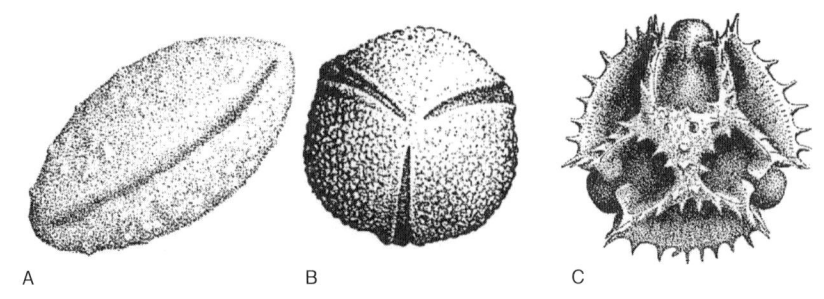

図4-8 花粉の形態．A: ユリノキ（単溝粒），B: アメリカブナ（三溝粒），C: セイヨウタンポポ（三溝粒）．(Eames, 1961 より)

であるが，一部の裸子植物を除き，胚珠まで雄性配偶子を届けるために花粉管を伸ばす．花粉の外壁は強固なため，花粉管が伸び出すための発芽溝（あるいは孔）をもつ．真正被子植物では，この発芽溝の数が3である三溝粒が基本構造となっている．これに対して，単子葉植物を含め基部被子植物では，花粉形態は原則的には発芽溝を1つもつ単溝粒である．現生の裸子植物も単溝粒であり，三溝粒は真正双子葉植物の共通祖先で獲得された共有派生形質と考えられている（図4-8）．

(5) 真正双子葉植物の進化

　真正双子葉植物内の系統関係の概要も分子系統学的解析により明らかになっている．大まかには2つの大きな系統群が認識され，一方はバラ類Rosidsと名づけられた群であり，他方はキク類Asteridsとよばれている．真正双子葉植物の基部で分岐した植物群で，この両者のクレードに入らない植物群がいくつか認識されていて，これらは基部真正双子葉植物 basal eudicotsとよばれている．基部真正双子葉植物にはキンポウゲ科やハス科，ヤマグルマ科など，以前に祖先的な花の形態をもつことや道管をもたないなどの理由から，原始的被子植物と考えられた植物群が含まれる（図4-9A）．

　バラ類Rosidsはおもに離弁花をもつ植物群からなり，さらにマメ類（真正バラ類Ⅰ EurosidsⅠ）とアオイ類（真正バラ類Ⅱ EurosidsⅡ）の2系統群に分かれる．真正バラ類Ⅰにはバラ科やマメ科，真正バラ類Ⅱにはアブラナ科などが含まれる．

　キク類Asteridsは合弁花をもつ植物群のほとんどが含まれるが，セリ科やウ

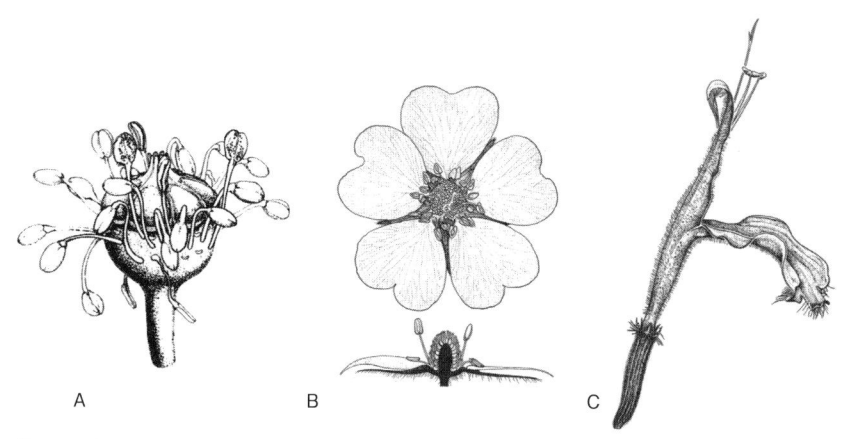

図4-9 真正双子葉植物の花の例. A: ヤマグルマ（基部真正双子葉植物）, B: キジムシロ属（バラ類）, C: サルビア属（キク類）.

コギ科など離弁花をもつ植物群も含まれる．キク類内にも2つの大きな系統群が認識されていて，シソ科やナス科が含まれるシソ類（真正キク類Ⅰ Euasterids Ⅰ）とキク科やセリ科が含まれるキキョウ類（真正キク類Ⅱ Euasterids Ⅱ）に分けられている．

(6) 残された問題——花の起源と原始的花形態

現生の被子植物の大系統に関しては，分子系統解析が行われて大まかな関係は明らかになってきた．しかし，現生の各植物群の分岐順序はわかっても，その祖先がどのような植物であったかがわかるわけではない．もちろん，現生の植物の形質状態から系統樹上で形質復元をすることは理論上可能であるが，実際にはたいへんに困難な作業である．

原始的な花形態，すなわち最初に出現した花はどのようなものであったのであろうか．これを知るための方法としては，化石の研究がもっとも直接的な手段である．

モクレン型の花の化石として，1980年代に北米の中部白亜紀の地層から保存のよい化石が発見されている．アルカエアントス・リネンベルゲリ *Archaeanthus linnenbergeri* と名づけられた化石は，長い花軸状に多数の果実（心皮）がらせん状についた化石である．詳細な研究の結果，外花被（ガク片）3枚，内花被

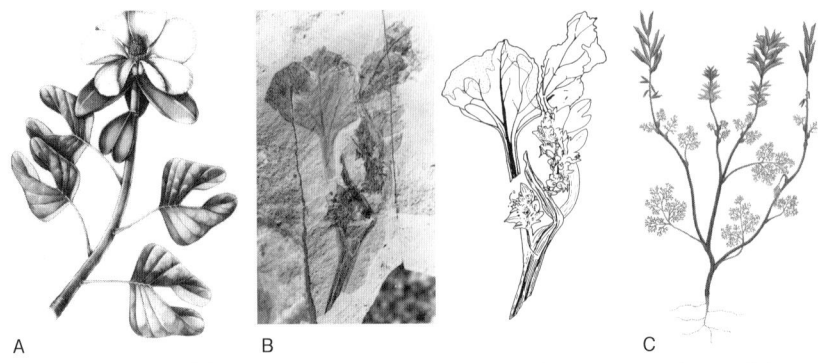

図 4-10 被子植物の花化石．A: アルカエアントス，B: クーペリテス，C: アルカエフルクタス．

(花弁) 6-9 枚をもち，多数の雄ずいと心皮をらせん状につけた花をもつことが明らかになり (図 4-10A)，モクレン型の花が祖先的であるという仮説を支持する証拠として注目された (Dilcher and Crane, 1984)．

一方，モクレン型とは異なったタイプの花の化石もやはり白亜紀の地層から出現している．オーストラリアの下部白亜紀から発見されたクーペリテス・マウルディネンシス *Couperites mauldinensis* という花の化石は，現生のセンリョウ科の花に似た小型で単純な構造をもっている (図 4-10B)．

このような化石から，モクレン型の花をつける植物とセンリョウ型の花をつける植物が下部白亜紀から中部白亜紀にかけて広く分布していたことがわかってきた．

現在，もっとも古い時代の地層から発見された花の化石は，1990 年代の終わりに，中国の 1 億 2500 万年前の地層から発見されたアルカエフルクタス・リャオニンゲンシス *Archaefructus liaoningensis* とアルカエフルクタス・シネンシス *Archaefructus sinensis* である (図 4-10C; Sun *et al.*, 1998, 2001)．この両植物は，多年生草本植物で水中生活をしていたと考えられている．それでは，もっとも古い花化石であるアルカエフルクタスは，被子植物の花の原始的形態をもっているのであろうか．この質問に答えるため，アルカエフルクタス・シネンシスと 173 種の現生種との比較が行われた．その結果では，既存のすべての植物化石の中で，アルカエフルクタスがすべての現生の被子植物に対して姉妹群にあたると結論された (図 4-11)．

しかし，これに反対する意見もある．たとえば，アルカエフルクタスの「花」

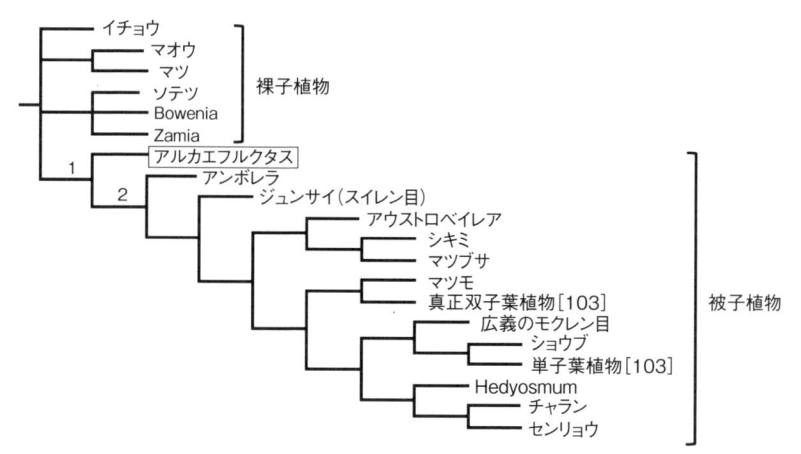

図 4-11 被子植物と絶滅裸子植物の系統解析．この解析ではアルカエフルクタスが現生被子植物全体の姉妹群となっている．(Sun et al., 2002 より)

は，実際は花序であるという解釈もある．さらに，もっと進化した被子植物の系統でも水生植物になって花は単純化し，アルカエフルクタスの「原始的」花に似ているものがある．また，形態比較による解析でも，アルカエフルクタスはスイレン類に入るという結果も出されている (Doyle, 2008)．この論争を終結させるには，さらなる化石の発見やほかの証拠が必要である．

5 系統地理学

　生物の分布を扱う学問分野は生物地理学とよばれ，植物を扱う場合は植物地理学とよばれている．生物地理学では，分子系統解析がさかんに行われるようになってから，系統関係を考慮した系統地理学が発達してきた．

5.1 植物相と区系地理学

　地球上では，場所が変われば異なる生物がみられる．たとえば，熱帯と温帯では，そこに分布している生物は大きく異なる．また，たとえ同じような気候のところでも異なる大陸では異なる生物種がみられる．

(1) バイオームと植物相

　生態学では，生産者である植物を基盤として，その地域に生育するすべての生物のまとまりをバイオーム(生物群系)とよんでいる．このバイオームは，おもにその場所の環境，とくに気候条件で規定される．

　地球上の気候区分は，その土地の気候や自然がよく似た地域を分類して，いくつかの気候区に分けたものである．そのため，区分の目安には，そこに成立する植物群落が用いられることがある．現在，もっとも広く使われているのは，ケッペンの気候区分がもとになったものである．

　ケッペンの気候区分は，ドイツの気候学者のケッペンが地球上の植生に注目して考案した気候区分であり，おもに気温と降水量により規定されている．ここでは，大きく熱帯，亜熱帯，温帯，寒帯などに分け，それぞれをさらに細分化している．一方，吉良 (1948) は，植物の生態的特性を考慮した指標として3つの指数，温量指数，寒さの指数，乾湿指数を考案して気候区分を行った (Box-7 参照)．

　バイオームに対して，植物相とは，ある地域に分布する植物種の総体を意味

Box-7 吉良の温量指数

　温量指数とは，月平均気温が5℃以上の月の平均気温から5℃を引いた数値を，12カ月にわたって加算したものである．寒さの指数は，逆に5℃より下回る月平均気温の部分を加算したものである．

　乾湿指数は，植物が水をどの程度有効に利用できるかを重視したものであり，実際の植生との対応をとった経験式であるため複雑である．温量指数を T，年間降水量を P とすると，乾湿指数 K は，

$$K = T/(P-20) \quad 0 < T < 100$$
$$K = T/(2P-140) \quad 100 < T < 200$$

となる．

　吉良 (1948) は，温量指数と乾湿指数を組み合わせることにより，7つの生態的気候区分を認めた (図 B7-1).

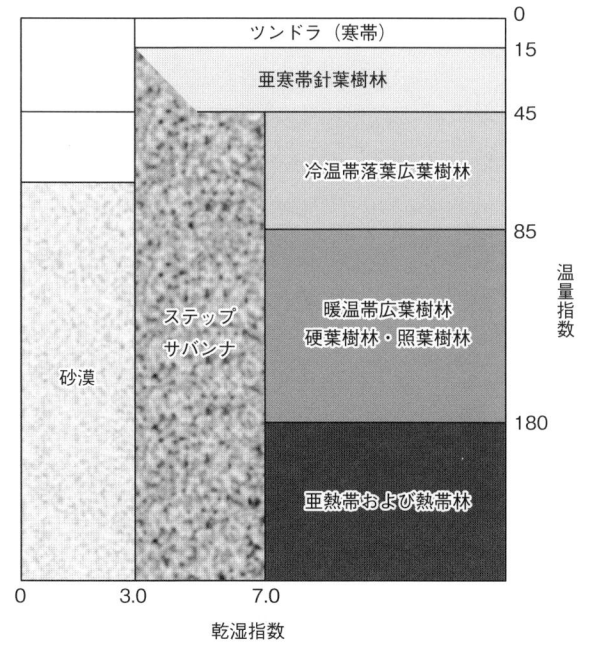

図 B7-1　温量指数と乾湿指数による植生区分．(吉良, 1948より改変)

するものである．多くの場合，異なった気候の場所では異なる植物が生育している．しかし同じような環境でも，異なる地域では別種の植物がみられることがある．たとえば，日本ではブナは冷温帯にみられる特徴的な樹種であるが，同様な気候でも，北米では別種のアメリカブナが，ヨーロッパではヨーロッパブナが生育している．これらはすべてブナ属の近縁な植物種であるが，ブナ属の種分化の歴史にかかわる地史的な理由などにより，それぞれの地域で異なる種が分布している．それぞれの地域にどのような植物種が分布しているかという植物相の解明は，植物分類学の基本情報となるものであり，その比較が植物地理学の中心課題である．

(2) 植物区系

植物相を比較すると，多くの植物種で共通した分布境界となるようなラインがみつかる．もちろん，植物1種ごとにその分布範囲は異なるため，境界となりそうなラインが近隣地域で複数認識されることもある．植物地理学では，このような分布境界によって地理的に区分された地域を植物区系とよんでいる．

ロシアの植物学者タハタジャンは，全世界を6つの大区系に分け，その中に37区系を認めた（Takhtajan, 1969；図5-1）．彼の植物区系は，植物の固有性を重視していたものである．この中で特徴的なのは，アフリカ南端のケープ植物

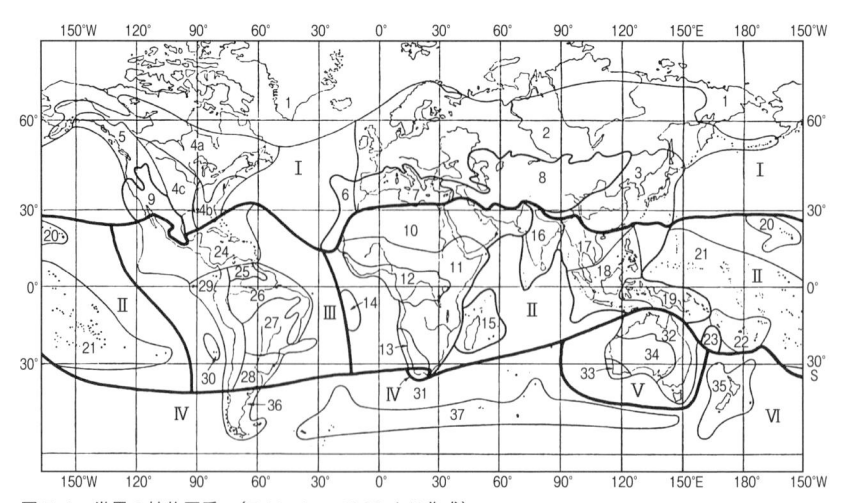

図5-1　世界の植物区系．（Takhtajan, 1969より作成）

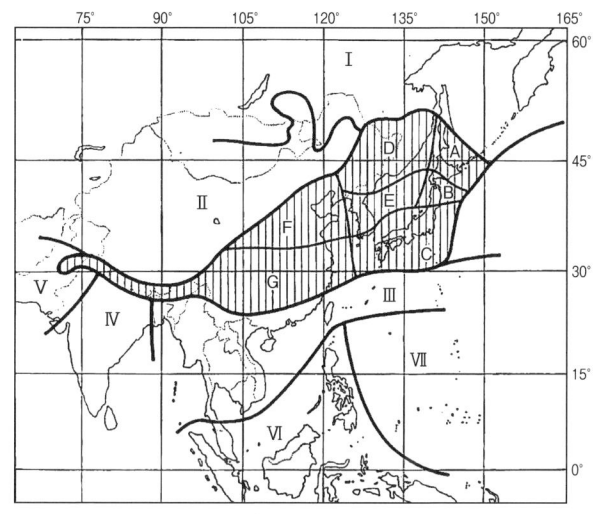

図 5-2 日華区系中の区分．(北村，1957 より)

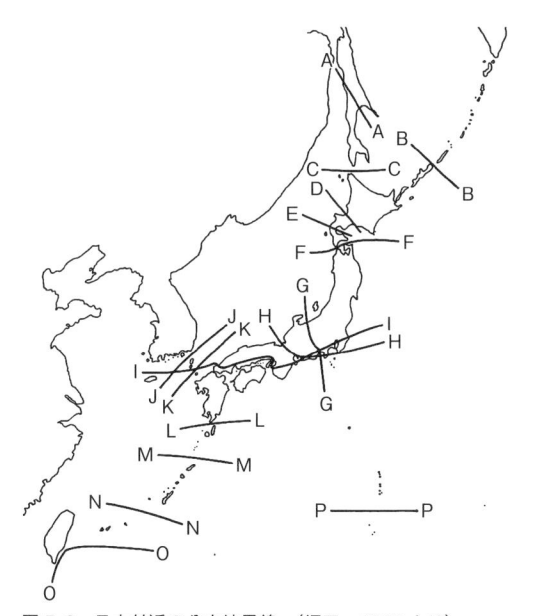

図 5-3 日本付近の分布境界線．(堀田，1974 より)

区系で，多数の固有植物をもち，単独で6つの大区系の1つであるケープ植物界とされている．この区系区分中で日本は，東アジア（日華）区系に所属している．この区系は，カツラ科，スイセイジュ科，フサザクラ科，ヤマグルマ科などの固有科をはじめとした多数の固有植物が分布する．北村（1957）は，日華区系の中に，さらに7つの細分化した区系を認めている（図5-2）．

日本およびその近隣地域における分布境界線は，おもに動物の分布を中心として議論されてきた（図5-3）．しかし，北方の宗谷海峡の八田線，津軽海峡のブラキストン線や南方の大隅海峡の三宅線など，海をはさんだ境界は，動物には大きな意味があっても，植物の場合はあまり明瞭ではない．

堀田（1974）は，日本の各植物種がどのような起源をもつかにより，暖温帯系や北方系などに類型化し，それぞれの分布限界を重ね合わせて図示した（図

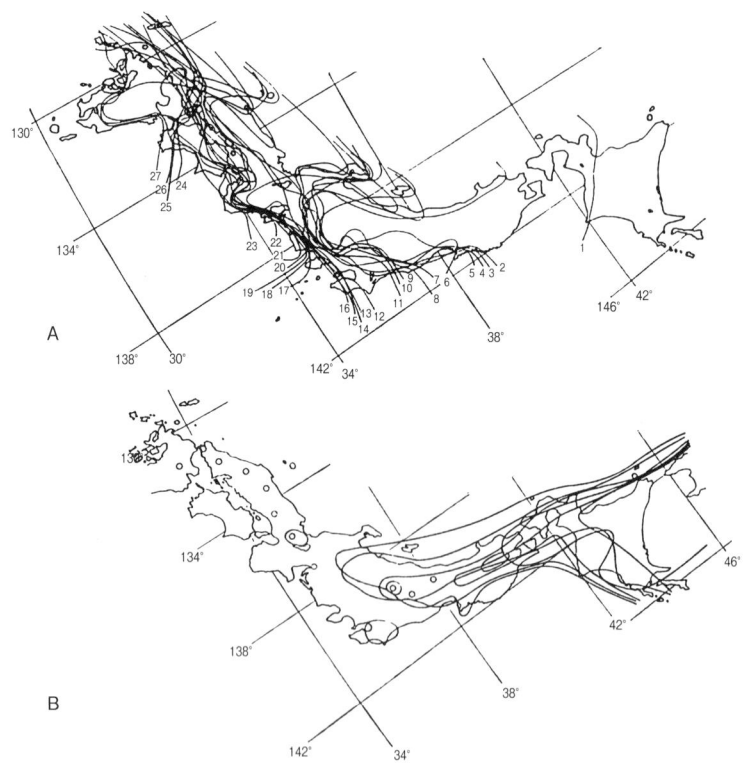

図5-4 南方系植物と北方系植物の分布境界．A：南方系植物の分布北限，B：北方系植物の分布南限．（堀田，1974 より）

5-4)．しかし，それぞれの分布の境界を明瞭に示すようなラインは検出されなかった．

5.2 植物系統地理学

(1) 系統地理学の方法

　植物地理学は，植物種の分布境界を解析した区型地理学として始まったが，進化的な考えを導入し，後述の北米と東アジアの植物相の比較研究など，種の系統的な関係を考慮した植物地理学が行われるようになってきた．しかし，初期の研究では，種間の系統関係を客観的に示すことが困難であった．系統関係を重視しての生物の分布研究，すなわち系統地理学は，分岐学による系統推定法が使用されるようになって発展したが，本格的に行われるようになったのはDNA塩基配列による分子系統解析が普及するようになってからである．さらに，最近では，たんに1つの生物群のみの解析ではなく，群集や生態系としての関係を重視した研究も行われるようになっている．

(2) 北米と東アジアの植物

　米国のアパラチア山脈では，秋になると木々が紅葉し山全体の色が変わる．日本のようにスギやヒノキなどの常緑針葉樹の植林はないため，一面が赤や黄色で埋まりみごとな光景となる．

　アパラチア山脈のこのような紅葉する樹木は，日本の温帯林と同様に，カエデ属やコナラ属の木々が多く含まれている．じつは，日本を含む東アジアと北米の植物相の類似は20世紀初めより，米国の植物学者であるアーサ・グレイ Asa Grayにより指摘されていた．この地域の類似は，とくに近縁種群の隔離分布として知られている．たとえば，モクレン科のユリノキ属 *Liriodendron* や，マンサク科のフウ属 *Liquidambar*，スズカケノキ科のスズカケノキ属 *Platanus* は，北米と中国にそれぞれ1種のみが分布している．マンサク科のマンサク属 *Hamamelis* は，北米に3種と東アジアに2種が分布する（図5-5，図5-6）．これらの植物群は，化石の証拠によると第三紀には北半球に広く分布していて，日本からも化石が産出する．その後の寒冷化にともない分布域が南下して，東

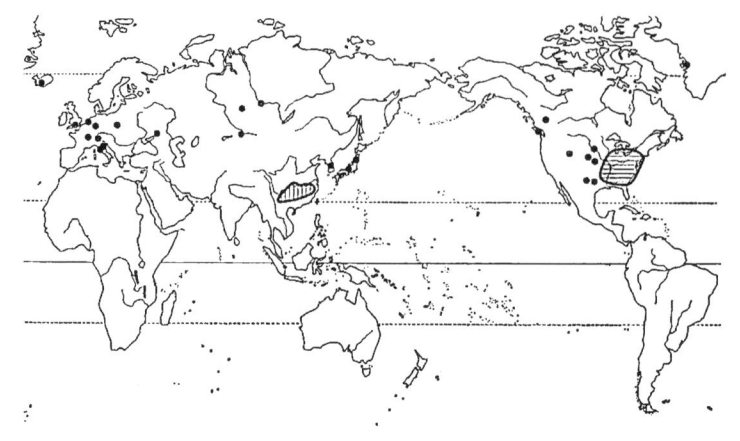

図5-5 ユリノキ属の分布. 黒丸は化石産地を示す. (堀田, 1974より)

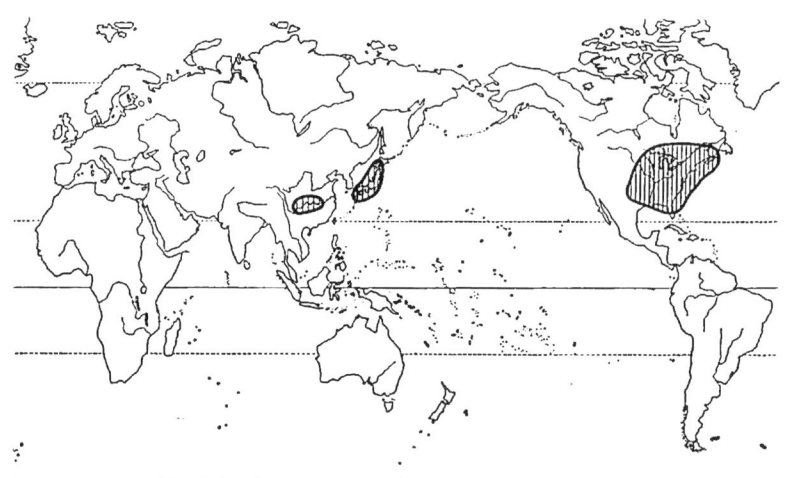

図5-6 マンサク属の分布. (堀田, 1974より)

アジアと北米の両地域に残存したと考えられている. このような分布と歴史をもつ植物群は, 第三紀周北極要素とよばれている.

しかし, アジア大陸と北米に隔離分布している植物のすべてが第三紀周北極要素ではない. キク科のヒヨドリバナ属は, アジアからヨーロッパまで広く分布する1種を除くと, ほかの種はすべて北米と東アジアに分布し, 分布パターンからみると典型的な北米と東アジアの隔離分布である (図5-7). しかしヒヨ

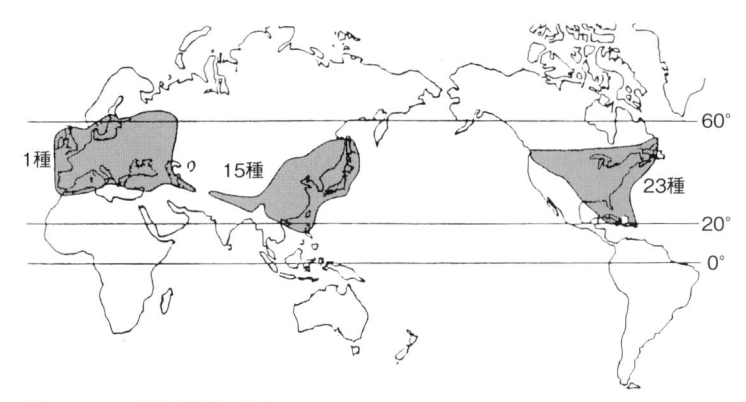

図5-7 ヒヨドリバナ属の分布.

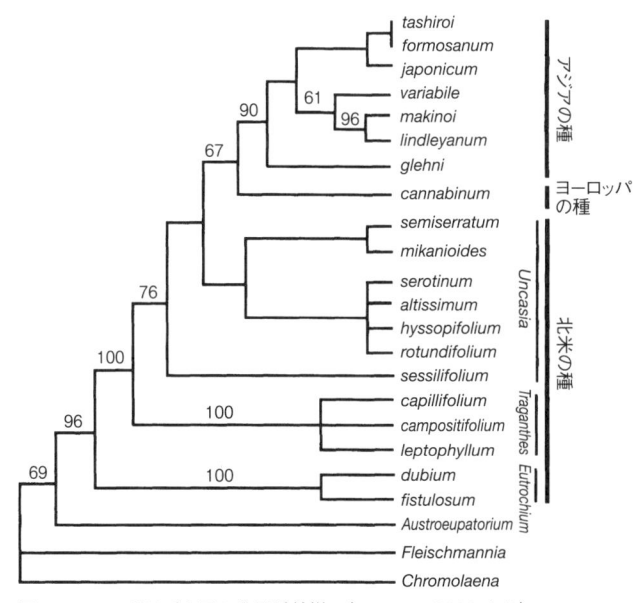

図5-8 ヒヨドリバナ属の分子系統樹.（Ito et al., 2000 より）

ドリバナ属は，キク科ヒヨドリバナ連に属する植物群であり，それほど起源の古い植物群とは考えにくい.

　ヒヨドリバナ属が第三紀周北極要素であるかどうかを検証するため，DNA塩基配列にもとづく分子系統学的解析により系統樹を作成したところ，アジアと

ヨーロッパの種群の起源は比較的新しく，北米で種分化した単一の祖先種が，第四紀に入ってからアジアとヨーロッパに分布拡大したという結果が得られた（図 5-8）．この系統樹から推測すると，アジア地域でのヒヨドリバナ属の形態的多様性は 2 次的に獲得されたことになる（Ito *et al*., 2000）．

(3) ゴンドワナ植物群

地球規模の植物地理学において，古くから注目を浴びている問題の 1 つに，南半球における近縁植物の大陸間隔離分布がある．

南半球には，私たちが住んでいる北半球とは異なる植物群が多く分布している．その中には南半球にある大陸に隔離分布をしている植物群もある．このような分布パターンは，かつて南方に広く分布していた生物群が各大陸に分断さ

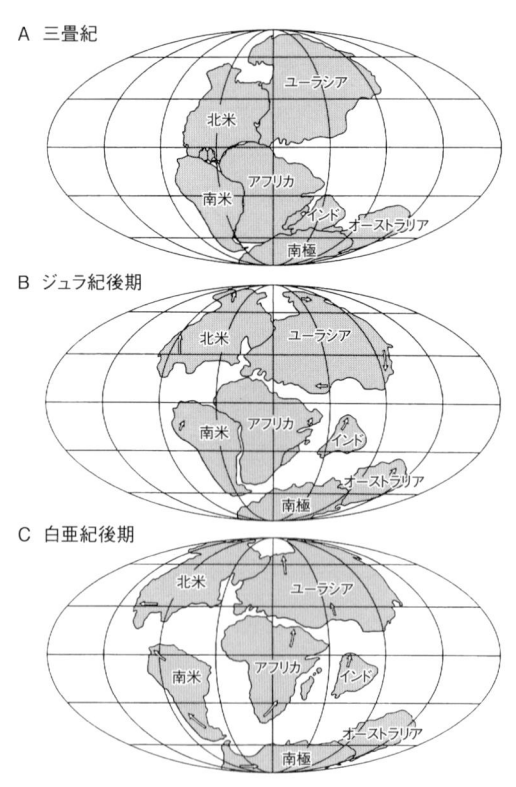

図 5-9　ゴンドワナ大陸と大陸移動．

れたものだと考えられていた．ウェゲナーの大陸移動説とその後のプレートテクトニクス理論により大陸移動説が支持されるようになると，このような南半球の隔離分布は，かつてのゴンドワナ大陸に分布していた植物が，大陸の分裂により各地域に分断されたと考えられるようになり，このような歴史をもつ植物群はゴンドワナ植物群とよばれた．

ゴンドワナ大陸とは，現在のアフリカ，南米，オーストラリア，南極の4大陸と，インド亜大陸，マダガスカル，ニューギニア，ニューカレドニア，ニュージーランド，タスマニアなどが集まってできていた超大陸であり，ジュラ紀後期から新生代古第三紀にかけてしだいに分裂し，現在の各大陸が形成されていったと推定されている．白亜紀には，ゴンドワナ大陸はアフリカ，南米，オーストラリア，南極，インドなどに完全に分裂していた（図5-9）．

南半球の大陸に隔離分布してゴンドワナ植物と考えられる植物群は数多くあるが（図5-10），裸子植物のナンヨウスギ科や被子植物のナンキョクブナ属植物が代表的である．また，化石のみで知られる絶滅裸子植物のグロッソプテリスも，ゴンドワナ大陸を代表する植物として有名である．以下にそれらの例を紹介する．

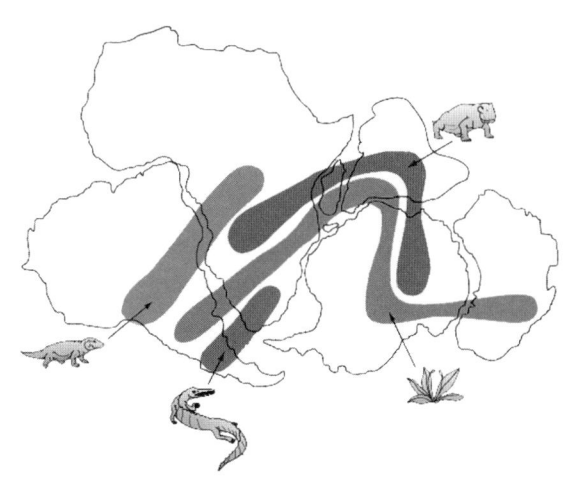

図5-10 ゴンドワナ大陸と生物の隔離分布．*Cynognathus*, *Lystrosaurus* は三畳紀に生息していた陸生の哺乳類型爬虫類．グロッソプテリスはペルム紀に生育していた裸子植物である．これらの化石は，現在の南半球の大陸とインド亜大陸から産出しており，当時は陸続きであったことが推測されている．

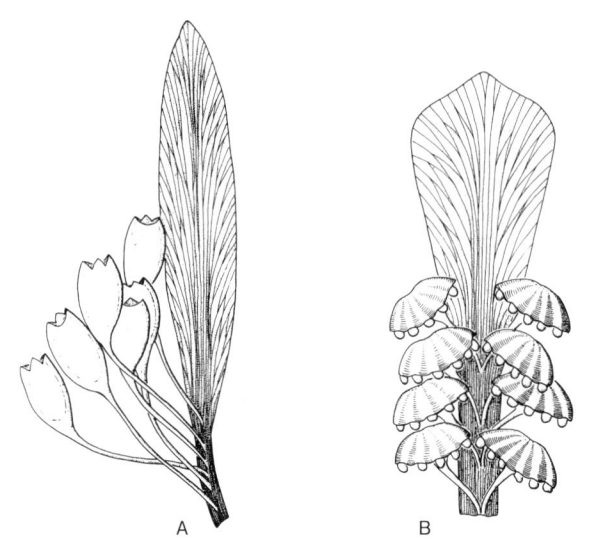

図 5-11 グロッソプテリス. A: *Denkania indica*, B: *Lidettonia mucronata*. (Surange and Chandra, 1975 より改変)

グロッソプテリス

グロッソプテリス *Glossopteris* とは古生代ペルム紀に栄えた絶滅裸子植物で，湿地に生えていたと考えられている．舌のような形の大きな葉が特徴（グロッソプテリスは，「舌状の葉」という意味）で，葉と向き合うように繁殖器官がついていた（図 5-11）．

グロッソプテリスの化石のほとんどは，南半球の 4 大陸とインド亜大陸で発見されている．これらの大陸は，ペルム紀には超大陸ゴンドワナをつくっていたと考えられていて，ペルム紀に栄えた化石植物グロッソプテリスの分布は大陸移動説の重要な証拠とされている（図 5-10）．

ナンキョクブナ属

ナンキョクブナ属は，南米南部，ニュージーランド，タスマニア，オーストラリア大陸東部温帯域，ニューカレドニアおよびニューギニアに分布する（図 5-12）．北半球を中心に分布するブナ属に対して，ナンキョクブナ属はアフリカを除く南半球に広く分布する植物群であり，温帯地域ではブナのように森林

図 5-12　ナンキョクブナ属．写真はオーストラリア産の Nothofagus cunninghamii（タスマニア島）．

の優占種となる．現在は，ナンキョクブナ科としてブナ科とは別の科となっているが，ナンキョクブナ属もブナ科植物と同様に果実としていわゆるドングリをつくる．そのため長距離散布が困難であり，分布拡大は陸続きの場所でしかできないと考えられるので，現在の隔離分布は基本的にはゴンドワナ大陸の分裂により形成されたと考えられていた．

　ナンキョクブナ属の起源と分布変遷に関する仮説には，起源を南極周辺に求める南方起源説と低緯度地域から北半球に求める北方起源説がある．北方起源説はさらに，東南アジア地域で分化したとする説と，アメリカ大陸で分化して南米に進出したとする説に大別される（朝川・瀬戸口，2001）．ナンキョクブナ属は南米，南極大陸，オセアニア地域から豊富な化石が報告されており，確かな証拠をもとにして過去の分布変遷を推定することも可能となってきた．近年はこうした豊富な化石情報に加え，分子系統解析による系統情報にもとづき，ナンキョクブナ属の起源と分布変遷に関する過去の仮説の検証がなされている（図 5-13）．

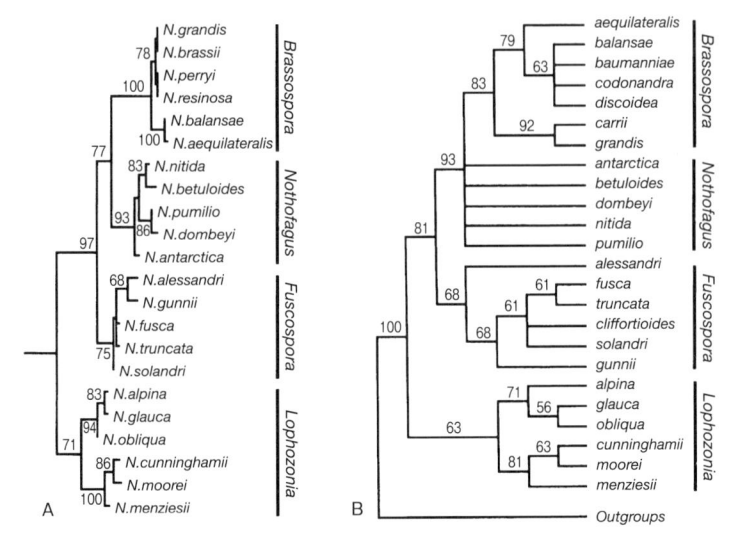

図5-13 ナンキョクブナ属の分子系統樹．A: N-J法による系統樹，B: 最節約法による系統樹．系統樹の右側は花粉形態により認識された節（section）である．（Setoguchi et al., 1997より）

　DNA塩基配列による分子系統解析の結果からは，南米とオーストラリア・ニュージーランド間で新生代に入ってからの行き来があったことが明らかになった（図5-14，図5-15）．これは新生代になって，一度分裂した南米大陸とオーストラリアが南極大陸を通じて陸続きであった時代があったことを示していると考えられている．この例のように，南米とオーストラリアの間の隔離分布は新生代にも成立可能であったようである．

ナンヨウスギ科

　ナンヨウスギ科は裸子植物に属する植物群で，現在はおもに南半球に分布し，南米，オーストラリアやオセアニア地域と東南アジアに隔離分布している（図5-16）．しかし，ナンヨウスギの仲間の化石は北半球からも広範囲にみつかっていて，日本でも北海道で発見されている（Ohsawa et al., 1995）．化石の証拠から，ナンヨウスギ科植物はパンゲア大陸が成立していた時期には全世界に広がっていたが，パンゲア大陸の分裂後，ゴンドワナ大陸のみに生き残ったと推定される．その後，ゴンドワナ大陸の分裂にともない，現在のような隔離分布が成立したと考えられている．

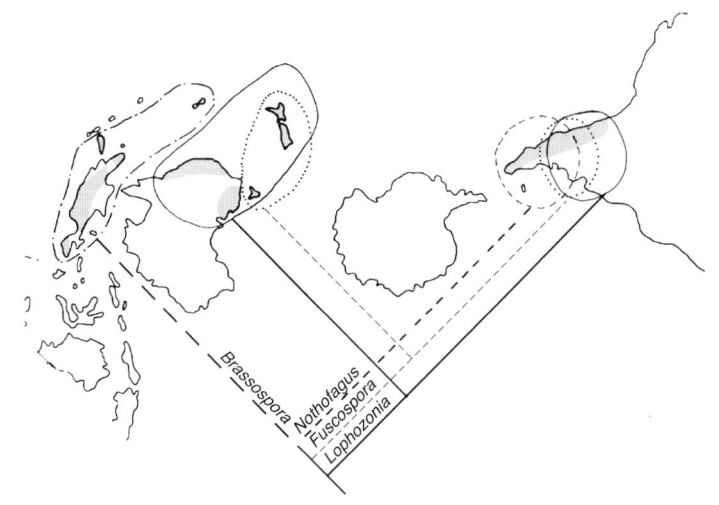

図5-14 ナンキョクブナ属の分布と系統関係．図5-13の系統と分布の関係を表す．(朝川・瀬戸口，2001より)

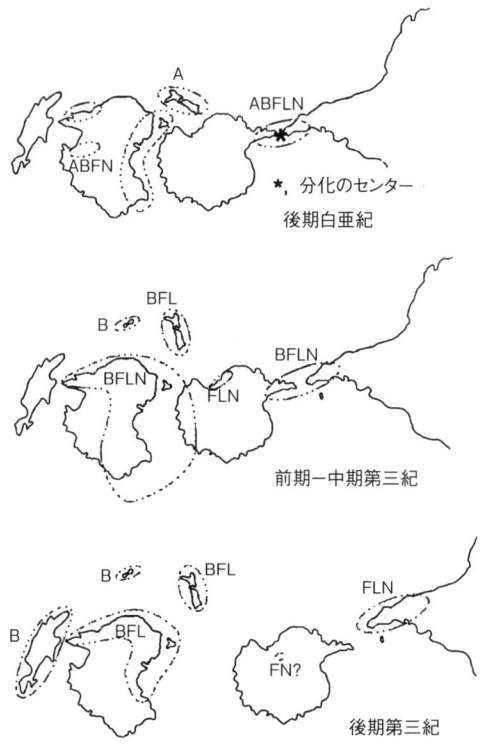

★．分化のセンター
後期白亜紀

前期—中期第三紀

後期第三紀

図5-15 ナンキョクブナ属の分布変遷．A: 祖先型，B: *Brassospora* 亜属，F: *Fuscospora* 亜属，L: *Lophozonia* 亜属，N: *Nothofagus* 亜属．(朝川・瀬戸口，2001より)

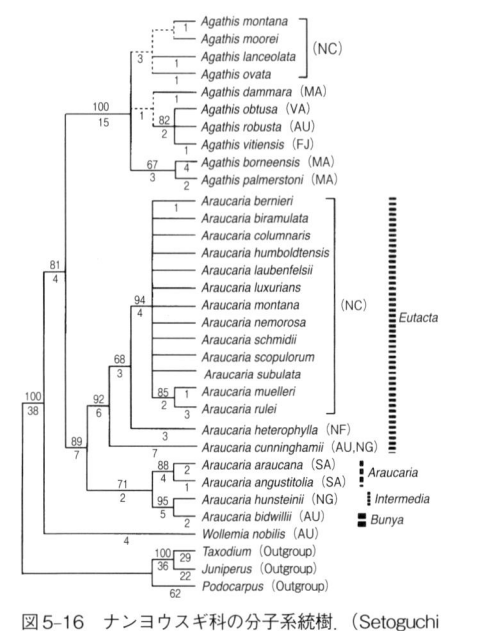

図5-16 ナンヨウスギ科の分子系統樹．（Setoguchi et al., 1998 より）

ナンヨウスギ科はジュラ紀の間に南北両半球に広がったが，南半球ではジュラ紀から白亜紀の間にニュージーランドとオーストラリア付近で現在のナギモドキ属 *Agathis* の祖先を含む系統が分化したと考えられる（Hill, 1995）．オーストラリアからは，ナンヨウスギ属 *Araucaria* とナギモドキ属の中間的形態をもつ化石が産出しており，Stockey ら（1994）は絶滅した未知の属が存在した可能性を示唆した．そして，1994 年には予測されたようなウォレミマツ属 *Wollemia* が発見された（Jones *et al.*, 1995）．また，ウォレミマツ属は，分子系統学的にも現生のナンヨウスギ属とナギモドキ属が分岐する前に出現したことがわかっている（Setoguchi *et al.*, 1998）．

タバコ属

北半球での例と同様に，近縁種が南半球に隔離分布している植物群であれば，すべてがゴンドワナ大陸起源植物群というわけではない．それは，新生代に入ってからも南米，南極，オーストラリア間は陸続きの時代があったと推定されているのに加え，長距離散布により南半球での隔離分布が生じた例も多く含まれ

表5-1 タバコ属の大陸別の固有種，分布地および分布，種数．(川床，1998より改変)

大陸	固有種	分布種
南米	37種 (56%)	37種
北米	8種 (12%)	12種
アフリカ(含アジア)	1種 (2%)	3種
オーストラリア(含南太平洋)	20種 (30%)	22種
合計	66種	74種

ると考えられているからである．実際，被子植物，とくに真正双子葉植物が多様化したのは新生代に入ってからの時代であり，そのときにはすでに現在の南半球の大陸は南極大陸から分離していたのである（図5-9を参照）．

タバコ属植物はナス科に属し，約70種が知られている．野生種は北米自生の数種を除き，すべて南半球に分布している（表5-1；川床，1998）．全種のうち約4分の3がアメリカ両大陸に，4分の1がオーストラリア大陸に自生している．そのため，この分布のみをみると，典型的なゴンドワナ植物と判断される（図5-17）．

このようなタバコ属の分布がどのようにしてつくられたかについては，いくつかの説が出されている．田中(1975)は，タバコ属がゴンドワナ植物の1つ

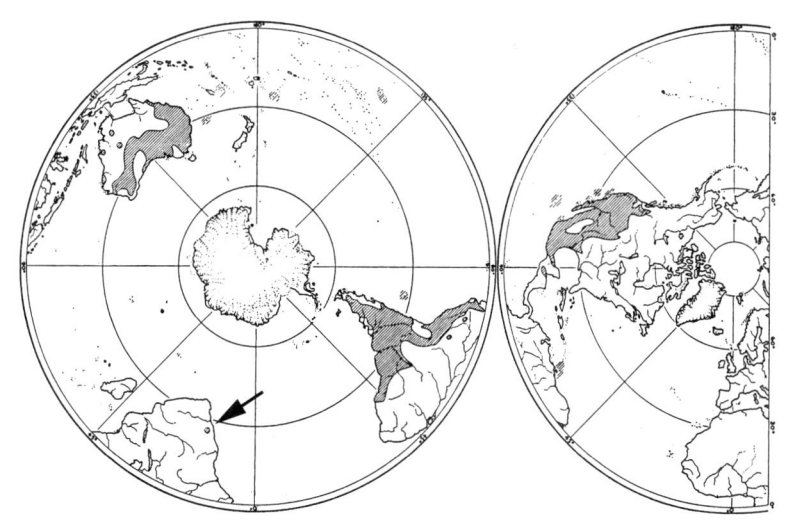

図5-17 タバコ属植物の分布．南半球を中心に，大陸間に隔離分布している．矢印はN. africanum.（Goodspeed, 1954より改変）

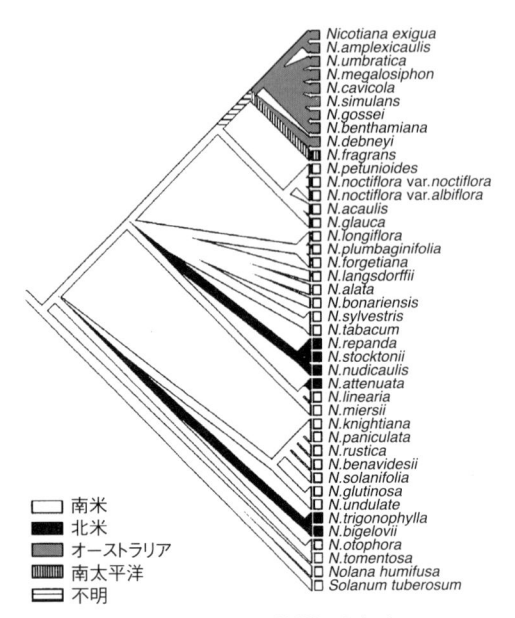

図5-18 タバコ属植物の分子系統樹と分布. (Aoki and Ito, 2000 より改変)

であり大陸移動説を裏づける有力な根拠となると考えた. 一方, Goodspeed (1954) は南極大陸を経由した, 大陸が分離した後の分散の可能性を主張した. 最近の研究においても, 第三紀の初頭まで南米とオーストラリアの南極を介しての分散が可能であったと考えられている. 前述のナンキョクブナ属でも, この南極経由説は広く受け入れられている説の1つとなっている.

葉緑体ゲノム上の *matK* 遺伝子によりタバコ属植物39種の分子系統解析を行った結果, 図5-18に示す結果となった (Aoki and Ito, 2000).

各植物の分布を系統樹上にプロットした結果, オセアニア種は1つにまとまり, 枝の末端に位置し, 北米種は別に3つの枝で独立に派生している. この結果はタバコ属の南米大陸起源仮説を支持し, タバコ属は後代に北米やオセアニアに分散したと推測される. またオセアニアの種群の単系統性と近縁性を示し, オーストラリア大陸における種の適応放散が比較的最近に起きた可能性を支持している. 年代推定は行っていないため, 南極大陸が温暖だった時代よりもさらに新しい時期に南米からオーストラリアへ拡散した可能性も否定できず, 南太平洋の島々を散布の中継地点として広がった可能性もある. 現在, 南太平洋

表 5-2 南米とオセアニアの近縁種群の rbcL と matK 遺伝子による推定分岐時間．Ka は DNA 塩基のアミノ酸置換をともなう非同義置換率．

南米の種	オセアニアの種	推定分岐年代 (百万年)	rbcL Ka	matK Ka
ナンキョクブナ科				
ナンキョクブナ属 Nothofagus				
N. alessandrii	N. fusca	97	0.009	—
N. dombay	N. grandis	118	0.011	—
N. glauca	N. menziesii	75	0.007	—
マキ科				
Prminopytis				
P. andina	P. ladeii	140	0.013	0.054
Lepidotamnus				
L. intermedium	L. foncki	43	0.004	0.010
マキ属 Podocarpus				
P. saligna	P. hallii	65	0.006	0.014
ナンヨウスギ科				
ナンヨウスギ属 Araucaria				
A. araucana	A. hunsteinii	86	0.008	0.012
ヒガンバナ科				
Hymenocallis	Calostemma	65	0.006	0.014
ナス科				
タバコ属 Nicotiana				
N. glauca	N. debneyi	—	—	0.006

参考：中生代と新生代の境界は 6600 万年．

諸島にはオセアニア種のうち N. fragrans が固有種として分布する．図 5-18 では N. fragrans は N. debneyi とともにほかのすべてのオセアニア種のクレードの姉妹群となっていて，N. fragrans がほかのオセアニア種より早くに分化した可能性を示している．また，オセアニアの 20 種すべてが 4 倍体である．この解析には入っていない唯一のアフリカ固有種の N. africana の染色体数は，$2n=46$ の 4 倍体である．

これまでみてきたように，たんに南半球で大陸間の隔離分布をしているだけではゴンドワナ植物とはいえず，大陸間の分岐年代を推定する必要がある．表 5-2 は，上記の 3 例に加えて，いくつかの南米とオセアニアに近縁種が隔離分布している群で分岐年代推定を行った結果である．この推定で，新生代と中生代の境界である 6600 万年より明らかに新しい年代に分岐しているペアは，大陸が分離した後の分布拡大とみたほうが妥当と思われる．

6 分類学と情報学
——生物多様性インフォマティクス

　分類学では形態形質をはじめとして，各生物の形質情報をできる限り多く取り入れてきた．また，それぞれの時代に使用可能になった新たな形質，たとえば20世紀に入ってからは染色体数や核型，20世紀後半にはDNAの塩基配列などを新たに取り入れて従来の形質情報と統合しながら発展してきた．この章では，情報学としての分類学について考えてみる．

6.1 情報学としての分類学

　分類学は，生物の種を認識し，ほかの種との関係を整理して体系立てる学問である．そのため分類学では，種の範囲の認識や種間の関係を探るため，可能な限りの情報を集積して使ってきた歴史があり，その意味では情報学としての側面をもっているといえる．以下に従来，植物分類学で使われてきた「道具」のいくつかを，情報という観点から再考してみる．

(1) 植物標本庫——ハーバリウム

　維管束植物の標本は，通常は植物体を平面的にして乾燥させた，いわゆる「押し葉標本」として作成される（図1-4，図2-6を参照）．このような標本は，基本的には紙の上にマウントされ，種ごとに分けられたカバーに入れられて標本庫の棚に収められている（図6-1）．ハーバリウムをたんなる植物標本の倉庫と勘違いしている人もみかけるが，実際は，第1章で触れたように植物分類学研究の「実験室」であり，また，下記のように「データベース」であるともいえるものである．

　規模の大きなハーバリウムには，数百万点にもおよぶ植物標本が所蔵されている．たとえば英国のキュー植物園では約700万点，オランダのライデン植物標本庫には約300万点の標本が収蔵されている．このような大量の標本の中か

図6-1　ハーバリウムのキャビネット．(東京大学植物標本庫)

らどのようにしてすばやく目的のものを探し出すことができるのだろうか．

　ハーバリウムにより多少の違いはあるが，一般的には標本は代表的な植物分類体系による科の順序に従って配列されている．多くのハーバリウムでは，エングラーあるいはクロンキストの分類体系（第4章を参照）が採用されていることから，植物分類学の研究者なら，目的の科がどこの場所にあるかすぐにわかるようになっている．また，科の中の属や，属内の種は通常，アルファベット順になっているので，目的の標本の入っているカバーに容易にたどり着くことができる（図6-1）．

　このようにハーバリウムは自身が索引構造をもつことで，標本へのアクセスを容易にしている．これは，近年のデータベースが，データを表形式で格納する際に，そのデータの格納場所に関する表も作成する構造と類似している．前者の表のみを対象としたデータ読み出しは，本を最初のページから順に調べていく作業に相当するため非効率的であるが，後者の表を対象とすれば，本の索引からページを調べる作業に相当するので，効率的に対象データを読み出せる．

(2) 検索表

　一般的に分類学者に期待されていることとして，生物の同定という作業がある．この同定自体は分類学の研究ではなく，分類学の成果を利用した作業といえる．各生物群の専門家でなくても，このような同定作業が行えるように考案されたものが検索表である．

　現在，よく使われている同定のための検索表は2分岐（場合により3あるいは4分岐）の検索キーの選択を繰り返すことにより，最終的な種に到達するようにできている（表6-1）．

　このような2分岐構造の検索表は，使用する者にとってわかりやすく，また検索表を作成する場合にも比較的容易である．しかし，もし検索表が要求している形質が観察不可能である場合，たとえば，実際に手にしている標本は実がついた時期であるにもかかわらず検索表が花の特徴を要求している場合などは，それ以上，検索作業を進めることができなくなってしまう．また，専門用語の理解不足で，うまく進めない場合もある．さらに被子植物の場合，1つの検索表の中に花の特徴と果実の特徴の両方が出てくる場合がある．通常，1つの標本は，花と実のどちらか片方，ときには両方がついていない場合が多く，検索表を使った同定作業が困難になる．

　このような2分岐の検索表の欠点を補うため，最近ではコンピュータを用いたインタラクティブ検索表がつくられている．これは，あらかじめ，検索に用いる特徴（質的な形質と量的な形質の両者）を種ごとに調べて表をつくってお

表6-1　ヒヨドリバナ属の検索表．（北村ほか，1957より）

ヒヨドリバナ属　*Eupatorium* L.	
1. 葉は3-4枚輪生する	ヨツバヒヨドリ
1. 葉は対生する	
2. 葉は無柄，先は鈍頭で細く，3脈が目立ち時に3裂する	サワヒヨドリ
2. 葉は柄があり，鋭頭または鋭尖頭	
3. 葉の基部が截形またはやや心形となる	ヤマヒヨドリ
3. 葉の基部はくさび形に細まる	
4. 地下茎は横にはい，葉はやや厚くて下面に腺点がなく通常3深裂し，茎は下部往々無毛となる	フジバカマ
4. 地下茎は短く，葉はややうすい．茎には短毛がある	
5. 葉は分裂せず，下面に腺点がある	ヒヨドリバナ
5. 葉は羽状に分裂し，下面に腺点がない	サケバヒヨドリ

く．この表中のどの特徴からでもよいので，対象の標本の形質状態を入力してゆくことにより候補種を絞り込んでゆき，最終的に種同定が行えるというものである．このような検索システムは，どの特徴からでも始めることができ，一部に観察不可能な形質があっても，ある程度正確に目的の種にたどり着くことができる．コンピュータが普及する以前はカード式で同様のことを行う例があったが，物理的な制限のため不便であった．コンピュータ上のシステムであれば，必要に応じて，図や写真を使った特徴の解説を加えることが容易である．

インタラクティブ検索表を作成するためのツールも，いくつか開発されている．ここではその中でLucidについて紹介する（図6-2）．Lucidは，オーストラリアのクイーンズランド大学を中心にしてつくられた，インタラクティブ検索表作成ツールと検索実行システムを含んだものである．作成ツールでは，それぞれの種名に対し形質状態や値を入力して表を作成することができる．また，それぞれの形質についてのチュートリアルや図，写真なども必要に応じて編集可能であり，検索時のヘルプページとして使用ができる．このツールで作成し

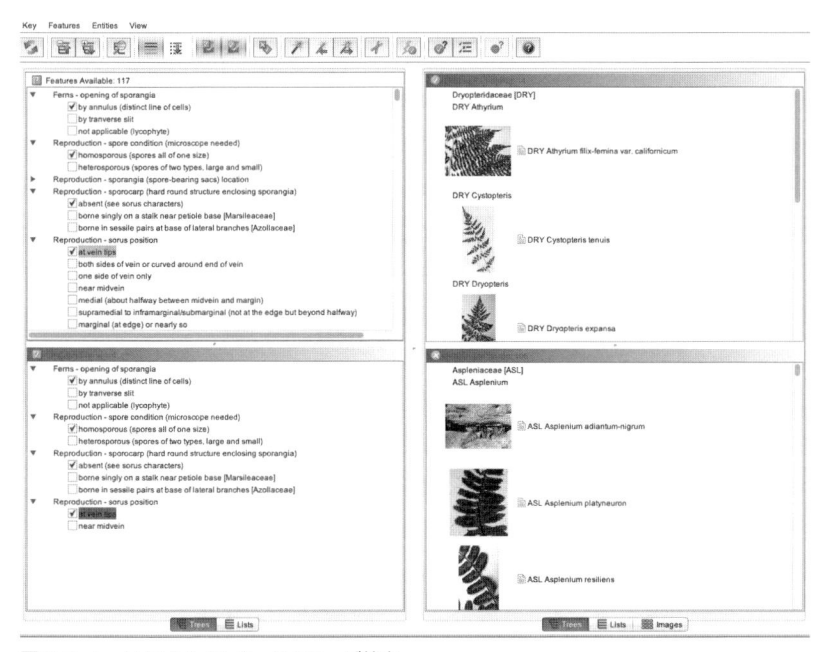

図6-2 Lucidによるインターラクティブ検索．

た検索表は，検索実行システムを使って実際の同定を行うことができる．検索実行システムは無料でに使用することが可能であり，検索表と合わせて販売，配布することが可能となっている．実際，これまで多数の Lucid を使用した CD 版検索システムが作成，販売されている．ちなみに Lucid 自体は有料ソフト（最新版は ver.3.5）であるが，旧版の ver.3.3 は無料で配布され，登録すればだれでも使用可能である（http://www.lucidcentral.com/）．

6.2 学名とタクソン・コンセプト

(1) 植物の名前

　第 2 章でみてきたように，生物の名前が世界中で混乱がなく使えるよう，標準的な名前のつけ方が決められている．それぞれの種には，国際的な命名法に従い，二名法にもとづいた独自の学名が与えられている．それでは正式につけられた学名を用いれば，生物種に関するコミュニケーションに問題は生じないのであろうか．残念ながらその答えはノーである．それは以下に説明するように，生物の学名はあくまでもラベルであり，その学名＝ラベルが指し示す内容は，必ずしも一意に決めることができないためである．

　分類学における作業の第一歩は，種などの分類群の認識を行うことである．種のタクソン・コンセプトとは，分類学者がある分類群について種の認識をした結果，対象種の範囲を規定したものである．一方，生物の学名は，原則的には 1 つの基準標本に与えられるものであり，その標本がどの種のタクソン・コンセプトに合致するかによりその種の学名が決定する．ある標本につけられた学名は，その標本の属する種のコンセプトが変更されるとその標本につけられた学名とともに新たな種のコンセプトに移動する．このような性質のため，基準標本につけられた学名は「ラベル」であるといえることになる．ある研究者の提案する種のコンセプトにおいて，同種として認識されている標本の中に複数の学名のもとになった基準標本が含まれる場合は，通常はその中で有効に出版されたもっとも古い学名が採用されることになる．

　たとえば，キク科のシオン属のノコンギクとセンボンギクは，従来，別種とされていたが，詳細な研究の結果，同種とするのが妥当であるという結論に

至り，両者につけられた種の階級の学名の中でもっとも古い学名である *Aster microcephalus* が正式な学名として採用された．この種名はもともと，センボンギクに対して使用されてきた学名である．この際にノコンギクは広分布域をもつのに対し，センボンギクは渓流沿いの環境に適応した分布域が限られた植物であるというようなことは考慮されない．

(2) タクソン・コンセプト

つぎに種のタクソン・コンセプトについて考えてみよう．実際の分類学的な作業において，種のタクソン・コンセプトを確定するためには，生の植物や標本を観察・比較して，どの個体が同じ種に属し，どれが異なる種とするかの検討を行う．

種のタクソン・コンセプト

タクソン・コンセプトとは，文字どおりあるタクソン（分類群）をどのような定義でとらえているかということである．分類学において，タクソンの認識という作業は，対象個体のすべてを観察することが不可能なため帰納的にならざるをえず，厳密な定義が不可能である場合が多い．

分類学で伝統的に行われている種認識では，形態形質を観察・比較してある種の範囲が決定されている．すなわち，まず研究の対象としている個体の集合に関して，さまざまな形態形質を観察し，それぞれの形質の変異の状態を把握する．そのうえで，形質に関する変異分布のギャップを探索する．その結果，いくつかの形質に関して大きなギャップが共通して存在する場合に，そこを種の境界とする．

もちろん，取り上げる形質の種類により，ギャップの有無やギャップの存在場所が異なることはよくみられることである．そのため，どの形質を重視して種の定義に用いるかにより，種の範囲や境界が変わる可能性がある．このような理由で，伝統的な分類学における種の認識は恣意的であるとか，主観的であると批判されることがある．

分類学においては，種の境界を明示するため，ある代表的な特定の形質を取り上げ，表徴形質 diagnosis として明示する．しかし伝統的な分類学の研究においては実際には，大量の形質情報を検討して種の範囲を認識している．表徴

形質は，そのうえでもっともよくほかの種と区別できる形質とその状態を提示しているだけであり，けっして，表徴形質のみの観察で種のタクソン・コンセプトを決定しているわけではないことに注意する必要がある．

　伝統的な分類学に対する別の批判として，多量の形質を扱って，種の境界を総合的に判断しているため，実際にどのような情報処理がされて結論が導き出されているかがほかの人にはわからない，すなわち，種コンセプトは研究者の主観的認識であるというものもある．これはある一面では正しいのであるが，分類学者が実際に行っている研究過程に対する無理解という側面もあると思われる．とくに新種などの記載論文には，形質解析に関する詳細なデータや思考過程が明示されていない場合が多い．上記のような批判が出ないように，分類学者は分類の結果の提示のみでなく，結論に至ったデータや判断などについてできるだけ多くの情報を提示すべきであると思っている．

タクソン・コンセプト・スキーマ

　現代の情報学では，さまざまな形式の情報を扱うことが可能になっていて，ある対象の性質やほかのものとの関係なども表現が可能である．分類学関連では，種などのタクソン・コンセプトを現代的な情報学で扱うことが可能なように，タクソン・コンセプト・スキーマが定義されている．これは，これまで分類学者の頭の中にあった，ある生物種に対しての認識を，いかに客観的に記述するかという試みでもある (http://www.tdwg.org/activities/tnc/tcs-schema-repository/)．タクソン・コンセプト・スキーマはさまざまな要素からなり，大まかに，

・名前に関する要素
・形質に関する要素
・名前を引用している出版物に関する要素
・（上記を組み合わせた）タクソン・コンセプトに関する要素

などからなる（図6-3）．各タクソン・コンセプトは，名前，その名前の引用元となる出版物（コンセプトの根拠となるもの），コンセプトを定義する標本，コンセプトを定義する形質，ほかのコンセプトとの関係などの要素を組み合わせて記述される．

　実際のデータは，XMLという言語を利用し，このスキーマに則ったうえで記述される．それにより，コンピュータを用いたコンセプトの比較などの情報

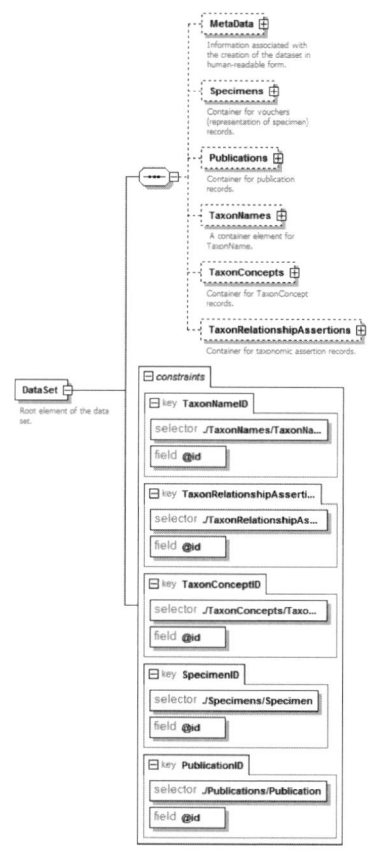

図6-3 タクソン・コンセプト・スキーマ．下半分のそれぞれの要素（名前，形質など）の中に，それぞれを構成する要素がさらに定義されているが，この図では展開をしていない．実際にすべての要素を展開すると本の1ページにはとうてい収まりきらない大きさとなる．

処理を比較的容易にすることができるようになる．

タクソン・コンセプトをいかに補足するか

上記のようにタクソン・コンセプトを表現するスキーマは定義されているが，その構造は複雑であり，実際の種のコンセプトをあてはめて誤解なく表現するのはかなりむずかしい．

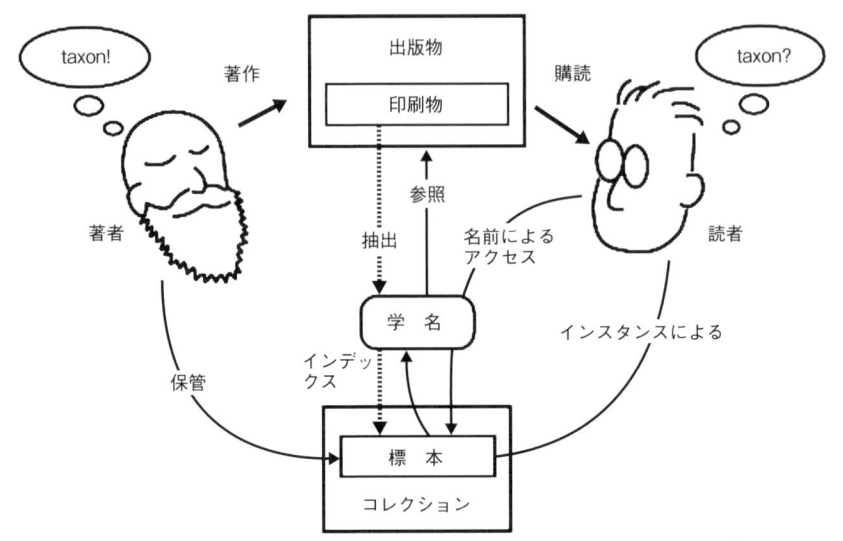

図6-4 種のコンセプトを捕足するNomencuratorの基本概念．（Ytow et al., 2001より改変）

　一方で，ある研究者の用いている種のコンセプトを，実際の使用例から補足するアプローチもある．生物多様性情報学の優秀な若手研究者に与えられるニールセン賞の第1回の受賞者である伊藤希博士は，このような種のコンセプトを補足する方法としてNomencuratorを考案した（図6-4）．

　これは，分類学者が，自身の頭の中にもつタクソン・コンセプトを，論文や標本同定を行った結果から推測するアプローチである．ここでは，学名をラベルとして扱いその使用例を文献から抽出することで，その学名と過去に使われた学名との関係を記述する．それにより，ある学名が指し示す種のタクソン・コンセプトの範囲や変遷を補足しようと試みている．

　Nomencuratorは，タクソン・コンセプトを補足するのに，分類学者が行うプロセスを模倣するよいアプローチだが，実際に作動するシステムを実装する場合，名前やタクソン・コンセプト間の関係性を記述してゆくため，膨大な処理を必要とするのが欠点である．

(3) スプリッターとランパー

　生物種の認識は，ときにはできる限り多くの情報を用いて行われる．しかし，第2章でみてきたように，だれもが受け入れられる種の定義はなく，また，種

を認識する基準も研究者間で一定ではない．さらに，植物の場合は，動物とは異なり，生物学的種概念と現在使用されている種とが食い違うことがしばしばある（第2章を参照）．そのため，植物を扱うときには，とくに種の範囲を小さくとるか大きくとるかという問題がつねにつきまとってくる．研究が進むにつれ，隠蔽種などがみつかり，種の範囲がせまくとられる場合もあるし，地域間の比較が行われた結果，それぞれの地域で別の名前をつけられていた植物が同一種にされることもある．一般的な傾向としては，おもに標本を用いて，全世界的なモノグラフを執筆している研究者は種を広くとることが多く，各地域で植物相を研究している研究者は種をせまくとる場合が多い．そのため，一般的な種名ユーザーは混乱することがある．いくつかの例についてみてみよう．

シロヨメナ群

第2章の種分化のところで取り上げたキク科シロヨメナ群は，種の範囲の認識でもさまざまな問題のある群である．シロヨメナ群は，最新の日本の植物誌における私たちの分類では7種に整理された (Ito and Soejima, 1995)．従来の分類は，キク科を専門としていた Kitamura (1937) により，全体を1種とし，その中に9亜種が認識されていた．

日本では和名が使用され，亜種や変種にも固有の和名がつけられている．実際，Kitamura (1937) による亜種は，私たちが種として認識したものや，ノコンギクでは亜種や変種としたものとよく対応しており，和名で扱っている限り混乱はあまり生じない．しかし，種レベルの学名のみで扱った場合，Kitamura (1937) の概念における日本産シロヨメナは私たちが7種としたものを含み，どのように対応するかがよく検討しないとわからないことになる．

話はそれるが，日本で使用されている和名は標準的に使用されているものがあり，かなり正確に種や亜種，変種を指し示すことが可能である．また，属の所属が変更になっても変わることがないので，かなり安定した名前の体系となっている．しかし和名には命名規約がなく，また，古い名前が優先されることもない（生物群によっては，学会により標準和名が選定されている）．

タンポポの微小種

それでは混乱を避けるには，種の範囲をできるだけ小さくとってゆくのがよ

いのであろうか．ここではタンポポの例を紹介する．

　日本にもセイヨウタンポポやアカミタンポポなどが帰化しているヨーロッパ産のタンポポは，複雑な種分化をしている植物群として有名である．ヨーロッパ産タンポポ属は倍数性複合体をつくっているが，その実態を複雑にしているのは無融合生殖の存在である（第2章を参照）．3倍体のタンポポは，おもに無融合生殖を行い，基本的には母親と同じ遺伝子をもつクローンの種子をつくり，繁殖する．しかし，ときどき2倍体の有性生殖種と交雑して，3倍体や4倍体の雑種が生じる．このような雑種は無融合生殖を行って増えるため，同じ性質をもったクローンが広がることになる．これらの植物は基本的にクローンであり，同じ形質をもつことになるため，ほかのクローンとの識別が可能になる．そのため，ヨーロッパではこのようなクローンの1つ1つを新種として種の階級の学名を与えることが行われ，多量の種がつくられることになってしまった．これらの種は微小種とよばれている．これらの種間の差異は，実際は小さなものであり，中には種子の色など1遺伝子で決定されていると想像されるようなものもある．微小種を1つ1つ識別することはたいへんな作業となり，実用的ではなくなってしまった．また，生物学的にみても，個々の微小種を種として扱う根拠が乏しく，現在ではあまり使用されていない．

6.3　DNAバーコード

(1) DNAバーコードとは

　種名の同定，すなわちある生物の種名を決める作業は，生物多様性を扱うさまざまな活動を行う際に不可欠である．従来は形態的特徴や生態的特徴などにもとづいて同定が行われていたが，そのためには対象分類群の分類学に関する高度な専門的知識が必要となり，その習得には時間がかかる．また，最近では分類学者の数が国際的に減少しているため，その群の専門家を探すのにも苦労する場合がある．このような背景のため，分類学の専門家でなくても生物の同定が可能な技術が必要とされていた．

　このような事態への対策の1つとして考えられたのが，DNA塩基配列情報を用いた生物の同定である（Hebert *et al*., 2003）．ちょうどスーパーマーケット

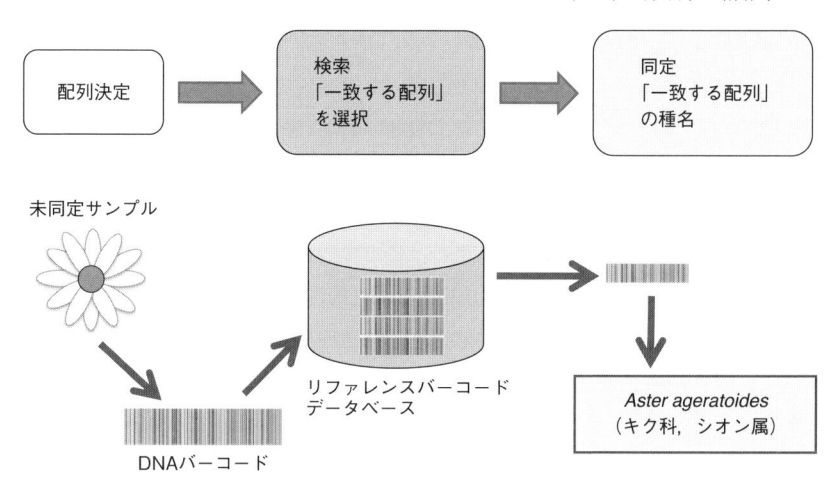

図 6-5 DNA バーコーディングによる同定手順．

　のレジで，商品につけられているバーコードを読んで，その情報をもとにしてデータベースから商品を特定して会計を行うシステムとのアナロジーから，生物同定の検索キーとして使用する DNA 塩基配列情報は DNA バーコードと命名され，この DNA バーコードによる生物同定技術は DNA バーコーディングとよばれる．DNA バーコーディングでは，未同定の生物サンプルから決定した DNA バーコード領域の塩基配列を，正しく同定された標本にもとづく DNA バーコードの参照ライブラリから検索することで，一致する，あるいは類似する塩基配列の種名を同定結果として利用する (図 6-5)．

　DNA バーコードは，どんな領域の DNA 塩基配列でもよいわけではない．ゲノム中の大量の塩基配列の中から，ある特定の領域を標準として決める必要がある．多くの場合，生物種名が不明なサンプルの同定に用いるため，DNA バーコードは，できるだけ広範囲な生物群で共通して使用できるものでなければならない．また，幅広い生物群において使用が可能な，できるだけ汎用性のある DNA 増幅用のプライマーが利用できなければならない．このような条件を考慮してさまざまな DNA 領域を探索した結果，動物では標準的なバーコード領域としてミトコンドリア *COI* 遺伝子の一部 (648 bp) が決定された (Hebert *et al.*, 2003)．植物では，動物のミトコンドリアゲノムほど進化速度が速い領域がないため，その候補領域についてはさまざまな意見が出たが，葉緑体 *rbcL* 遺伝

子と *matK* 遺伝子のそれぞれ一部が1次 DNA バーコードとして定められた (CBOL Plant Working Group, 2009). また, 菌類では, 配列情報の蓄積が多い核リボゾーム DNA の ITS (Internal Transcribed Space) 領域が選定された.

(2) DNA バーコーディングの特徴

前述のように, DNA バーコーディングの特徴の1つは, 幅広い分類群において同一のプライマーセットが使用可能なことである. このため, 動物や植物, 菌類で定められている国際標準 DNA バーコード領域の参照ライブラリ構築が進めば, 専門家でなくても単一の手法により, 広範囲にわたる生物群の同定ができるようになる.

DNA バーコードの参照ライブラリは, 原則として専門家によって同定された標本から DNA バーコード配列を取得して構築することになっている. また, DNA バーコードの取得元となった標本は, 博物館などの公的機関に保管し, その標本情報は DNA バーコード情報に明示的に付加することが義務づけられている. このように, DNA バーコーディングは分類学と密接に連携している. すなわち, DNA バーコーディングによる同定が可能になると分類学者が必要なくなるのではなく, 分類学者によりこれまで蓄積された形態などにもとづく同定の技術や知識を, DNA バーコードを介して間接的に利用することができるようになるのである.

実際の同定作業において不可欠となる DNA バーコード・ライブラリは, 国際プロジェクトとして国際バーコード・オブ・ライフ (iBOL; http://ibol.org/) が立ち上げられ, 全世界的なライブラリの構築が始まっている. iBOL では, DNA バーコード・ライブラリにとどまらず, その集積情報を用いた同定支援も含む情報システムとして Barcode of Life Data Systems (BOLD; http://www.boldsystems.org/) を公開している.

(3) DNA バーコードの有用性

DNA バーコードを用いたとき, どのくらい正確に同定できるのであろうか. 同定の精度は理論的には, DNA バーコード領域の塩基配列において, 種間でみられる差異と種内でみられる差異がそれぞれどの程度異なるかに依存する. すなわち, 近縁種の種間変異がそれぞれの種内変異よりもはるかに大きくて,

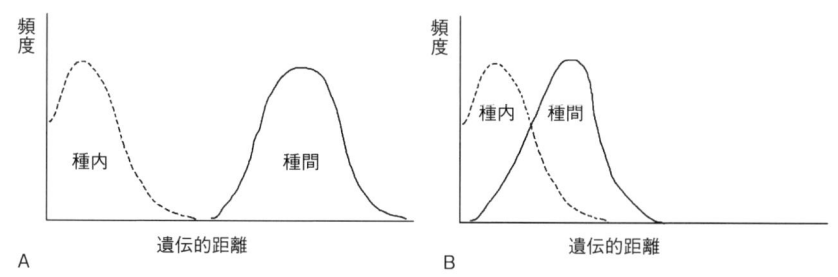

図6-6 DNA塩基配列による遺伝的距離の種内変異と種間変異．A: 種内と種間の遺伝的距離が重ならない場合，B: 種内と種間の遺伝的距離が重なる場合．Bのような変異を示す生物群ではDNAバーコーディングによる同定が困難となる．

　それぞれの配列の違いが明確に分離できれば，正確な同定結果が期待されるのである（図6-6A）．逆に種間の変異が小さく，種内変異との分離が困難な場合もある．たとえば，種分化からの時間が短い場合は，種間の集団間にまだ十分な遺伝的変異が蓄積せず，祖先種のもっていた種内多型による種内変異と区別できないことになる（図6-6B）．

　雑種が存在する場合や浸透交雑が生じている場合も，同定に誤りが生じる原因となる．現在，標準的に用いられているDNAバーコードは，動物ではミトコンドリアゲノム上の*COI*遺伝子，植物では葉緑体ゲノム上の*rbcL*遺伝子と*matK*遺伝子であり，これらの細胞小器官のゲノムは原則的に母性遺伝をする（例外として，マツなどの針葉樹類ではミトコンドリアゲノムは父性遺伝をすることが知られている）．そのため，雑種や浸透交雑個体のDNAバーコードはもとの母親のものと一致することになる．このような場合の解決法として，核DNAを補助的なDNAバーコードとして用いることや形態などの情報を併用することが考えられる．

　実際にDNAバーコーディングを行うときの最大の問題として，利用可能なDNAバーコード・ライブラリが不完全なことがある．もちろん対象種のDNAバーコードが登録されていない場合は正確な同定結果が得られないが，登録されているDNAバーコード数が少なく，対象種の種内変異を網羅していない場合も，誤った同定結果となる可能性が高くなる．そのため，ライブラリに含まれるDNAバーコードの種の網羅性を上げるとともに，種内変異を補足するため，同種でも複数（10サンプル以上が推奨されている）のバーコードを得る必要がある．

DNA バーコーディングは，すでに研究・応用分野ともにさまざまな場面で活用されている．研究においては，未記載種や隠蔽種の発見の多くの例が報告されている．チョウ目の昆虫では DNA バーコードのリファレンス情報が充実しているため，いくつもの研究例があり，コスタリカのあるチョウの種では 10 種類もの隠蔽種を含んでいることが報告されている (Hebert *et al.*, 2004).

同種内の雄と雌の間や異なるステージ間の対応づけなどにおいても，DNA バーコーディングは有用である．また，生物の断片や原形をとどめていないような消化物からの同定も可能である．実際，哺乳類の胃の内容物からの食性調査 (Soininen *et al.*, 2009) や，昆虫の消化管や体表に付着した植物由来物からの食性同定 (Navarro *et al.*, 2010) も行われている．さらに，土壌中や水中の微生物は，DNA バーコーディングと次世代シーケンサーを組み合わせることにより，生物相の解明のみでなく，各生物種の量的な解析も可能となる (たとえば Hajibabaei *et al.*, 2011).

生物同定が必要なさまざまな作業において，DNA バーコーディングは有用である．とくに輸入品の検疫や野生動植物の不正取引の監視には，大きな役割を果たすことが可能である．実際の現場では，対象生物種をできる限り迅速に同定する必要がある．このような目的には DNA バーコーディングの利用が有用であり，対象種も比較的限定されているため，参照ライブラリの充実も容易である．実際に，ブッシュミートとよばれている野生動物の肉の流通監視などにおいて有効であることが実証されている (Smith *et al.*, 2012). また，害虫や病気を媒介する生物のモニタリングや外来生物の同定などでも実用化が期待されている．

(4) DNA バーコードと分類学

DNA バーコーディングは，生物の同定のためのツールであるが，前に述べたように，実際は分類学研究と深くかかわっている．DNA バーコード・ライブラリに収められる参照データは，分類学の専門家により正しく同定された標本から取得されたものである必要がある．また，使用されている学名は当然，分類学の研究成果によるものである．

それでは DNA バーコーディングは分類学にどのような影響を与えるのであろうか．有用性の項ですでに述べたように，DNA バーコーディングを行った

結果により，その群の分類を見直すきっかけになるような例が昆虫類や脊椎動物ではいくつも出ている．標準的な DNA バーコードとして使用される配列の長さは動物では約 600 bp であり，植物でも *rbcL* と *matK* の 2 バーコード領域を合わせても 1300 bp あまりである．この塩基数は，現在の分子系統解析の標準からみると短いものであるが，それでも予備的な系統解析には十分使用可能である．そのため，暫定的な系統関係は DNA バーコードで把握し，なにか問題がある結果が出たら，さらにくわしい系統解析を行うという手法をとることが可能である．

DNA バーコーディングが普及すると，分類学，とくに記載分類学は，そのプロトコルが大きく変化する可能性がある．まだ未解明な生物が多い地域で分類学的研究を行う際には，標本を収集してその地域の生物相を明らかにしていく作業を行うことが多く，採集品に多数の新種が含まれていることもしばしばある．これまでの研究手順では，採集品を大まかな分類群にソーティングした後に同定し，同定が困難な標本は，それぞれを専門家に送って同定を依頼する．専門家による検討の結果，もし新種なら記載を行うという手順となる．

これに対して，もし DNA バーコーディングが一般的に利用できるようになれば，標本を大まかに仕分けした後に，まず DNA バーコードの決定とそれによる同定を行うことが可能になる．そして，この作業で同定できなかった，あるいは問題がありそうなサンプルに関してくわしく研究するというアプローチをとることが可能となる．実際，東南アジアの森林における植物の生物多様性調査では，そのようなアプローチが一部採用されている．

DNA バーコーディングでは，同定の基準となる標本は正しく同定されている必要があるが，DNA バーコード配列のみを取得するのは，同定されていなくても，あるいは新種でもかまわない．現在，BOLD データベースでは，蓄積された DNA バーコードによる系統樹を作成し，クラスタリングされた種（あるいはそれと同等の群）にバーコード・インデックス番号（Barcode Index Number; BIN）とよばれる番号を付加している．とくに昆虫ではこの BIN が既知の種に対応せず，新種と思われるものも多く存在する．このような場合，もとになった標本を新種かどうか検討し，新種と判断されれば新たに記載するという流れが可能となる．

(5) 植物のDNAバーコーディング

　植物においても，DNAバーコーディングの利用が始まっている．熱帯地方では，被子植物においても種同定は手間のかかる作業である．種の同定をするには，まず，その植物の属する科や属を特定する必要がある．しかし，私たちのように温帯の植物を見慣れた者になじみのない熱帯産植物の場合，花や実がついた標本が得られても，構造を観察して検索表を引く必要があり，科や属までの同定に時間がかかることがある．ましてや，花や実がついていない植物を同定しようとすると，花が咲くまで待たなければならない場合もある．

　このような同定作業にも，DNAバーコーディングは威力を発揮する．前述のように，植物の標準DNAバーコード領域の$rbcL$と$matK$のみでは種の正確な同定を行うには情報不足であるが，科や属の特定は十分可能であり，とくに地域を限定すれば，かなり高い確度での同定が可能である．たとえば，パナマのバロ・コロラド島の被子植物の場合，種レベルでの正確性が98%であった(Kress, 2009)．そのため，簡単に同定できない植物は，これらのDNAバーコード領域の配列決定をすることにより，比較的容易に科や属を決定することが可能となっている．とくに$rbcL$遺伝子は被子植物の属の大部分ですでに配列が決定されているため，DNAバーコーディングの有効性が高い(Tobe et $al.$, 2010)．

6.4　分類学情報の統合

　現代では，分類学のためだけでなく，さまざま目的で生物の多様性情報が必要とされている．これまでは，生物多様性に関する個々の情報に簡単にアクセスすることが困難であったが，近年の情報技術の進歩のおかげで，さまざまな生物多様性情報のデータベース化とインターネットを通じての公開が進んできた．また，これらの情報を相互利用する仕組みもつくられている．ここではそのすべてを紹介することはできないが，どのような生物多様性情報があり，また利用可能かを紹介する．

(1) 学名情報

生物の名前は分類学の基本であるだけでなく，さまざまな生物関連情報を検索するときのキーワードとしても重要である．しかし，学名とタクソン・コンセプトのセクション (6.2 節を参照) で説明したように，自分の探している情報に行き着くのに，現在広く使用されている学名のみが網羅されているだけでは不十分である．すなわち，過去に，どのような学名 (異名) が使われていたかなどの情報も必要であり，このような異名をサポートした検索が行えるのが望ましい．

現在，もっとも広範囲な生物群についての網羅的学名リストを作成・公開しているのはカタログ・オブ・ライフ Catalog of Life (COL；http://www.catalogueoflife.org/) であり，2018 年 5 月時点で 180 万種を超える種名が登録されている (Catalog of Life 6th version)．このプロジェクトは Species 2000 と Integrated Taxonomy Information System (ITIS) が共同で行っているものであり，毎年新たなバージョンが出版されている．COL はすべての生物・地域を対象にしているのでカバーする範囲は広いが，分類群や地域によってはまだ十分に情報が集積されていない (図 6-7A)．

維管束植物に限ると，状況はかなり改善される．The International Plant Names Index (IPNI；http://www.ipni.org/) は，全世界の維管束植物のリストを含む，植物全体の情報データベースである．維管束植物では，古くから英国のキュー

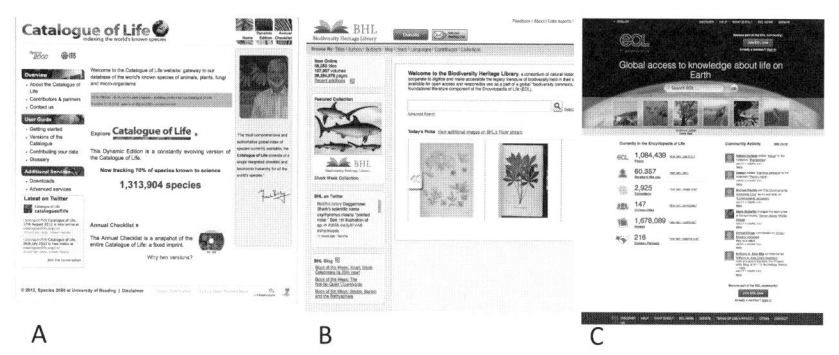

図 6-7 生物多様性の情報サイト．A：カタログ・オブ・ライフ Catalog of Life，B：生物多様性遺産図書館 Biodiversity Heritage Library，C：エンサイクロペディア・オブ・ライフ Encyclopedia of Life．

植物園により，植物学名のリスト Index Kewensis が編纂されており，このような情報を基盤として，国際協力によって作成・維持されている．IPNI には，異名を含む学名記載の書誌情報や，命名者の情報などもデータベース化されている．

日本の植物の名前については，通称 YList とよばれる「植物和名-学名インデックス YList」(http://ylist.info/) が充実している．このデータベースは，東北大学と千葉大学の植物分類学者により作成されているもので，学名のみでなく和名からの検索ができ，検索対象の名前が標準名であるか異名であるかなどもわかるようになっている．

(2) 分布情報

生物の分布情報とは，いつ，どこに，どんな生物が存在していたかという情報である．実物が存在し後からの検証が可能な標本情報や，記録のみである観察記録などがこれにあたる．もちろん情報として信頼性が高いのは前者である．

緯度・経度の地理情報

標本に付加されている分布地の情報は，通常，地名(国名や市町村名など)で記述されている．人間がその分布地を理解するにはこのような地名表記が便利であろう．しかし，地名の変更や表記のゆらぎなどがあり，コンピュータでは絶対座標である緯度・経度で表記されている地理情報のほうが処理しやすい．ただし，実際に緯度・経度情報が広く入手可能になったのは，GPS (Global Positioning System) が広く普及し出した 20 世紀の終わりからであり，一般市民にとっては，さらに GPS 付き携帯電話が普及した最近になってからである．今後は，分布情報への緯度・経度情報付加が標準的手順になっていくと思われるが，古い情報や GPS を使用していない情報などには，なんらかの形で緯度・経度情報を取得する必要がある．

地名情報から緯度・経度情報に変換するためには，地名とその緯度・経度情報を収録した地名辞書が必要である．国土地理院で出版している数値地図などには，地図上の地名と対応する緯度・経度情報が納められているが，同名の場所が複数存在したり，また単純に地図上で地名が印刷されている場所がそのまま緯度・経度の代表点となっていたりするため，そのままですぐに使用できる状

態にはない．県名や市町村名などの住所情報から緯度・経度を付与するアドレスマッチングの手法なども組み合わせて，場所を推定してやらないといけない．また，生物の分布情報の場合，山や川などの自然地名で表記されている場合も多く，このような地名の場合は，数値地図では限界があるので，自然地名辞書の構築が別に必要である．

このような制限はあるが，分布の位置情報は，生物多様性情報の基礎となるものなので，これから分布情報をつくりだす際には，ぜひとも GPS を使用して緯度・経度情報を含めることを強く勧める．

分布情報の標準化

地球規模で生物の分布情報を集積して利用するためには，さまざまな組織・機関で集められた生物多様性情報を統合しなければならない．そのためには，それぞれのデータが相互利用可能である必要がある．このような目的のため，標本や観察データを中心とした生物多様性情報において，国際標準のデータ交換スキーマ（データ形式）が策定されている．現在，もっとも多く使用されており，かつ簡便な標準スキーマは Darwin Core (http://www.tdwg.org/activities/darwincore/) というものである．この標準スキーマは，生物多様性関連情報の国際標準化活動を行っている TDWG という国際団体により標準化された規格で，現在はバージョン 2.0 が出ている．Darwin Core は分布情報を扱うことに向いており，標本採集地や観察地の国名や州・県名，市町村名などの州や県よりも小さい単位の名称，地名，緯度，経度などの項目が設定されている．これ以外にもヨーロッパを中心に使用されている ABCD スキーマ (http://www.tdwg.org/activities/abcd/) というものがあるが，定義されている項目が多く簡便さに欠け，日本ではほとんど使用されていない．国際機関である GBIF (Box-8 参照) では，この両者を標準スキーマとして採用しており，どちらの形式の情報も統合して使用できるようになっている．

生態ニッチモデリング

それでは，このような分布情報を用いてどんなことが可能になるのであろうか．もちろん，地図上に分布地点をプロットして分布図をつくることはできる．しかし，これとは別に大規模分布情報を用いた新たな研究が始まっている．

生態ニッチモデリングとは，環境情報から生物分布を説明するモデルを作成し，その生物種の生育に適した環境条件の分布から，ある場所での分布確率を推定する方法である．

　具体的には2種類のデータセット，生物の分布情報と対象地域の環境情報を用意する．環境情報とは，気象データや地形データ・地質データなどの情報である．これらのデータセットを用い，まず，対象生物種の分布する地域と分布しない地域で，環境情報を構成するさまざまな要素がどのように異なるかを解析し多数のモデルをつくり，その中からもっともよく分布の有無を説明できるモデルを選択する．つぎに，そのモデルにより，その地域での対象生物種が分布する確率を求める（図6-8）．

　生態ニッチモデリングによる分布推定は，たんにその種の分布を把握する目的だけでなく，さまざまな目的に使用されている．たとえば，保護区設定の際に，対象生物がどのような地域に潜在的に分布しているかを把握するのに役立つ．また，外来種が進入した場合，本来の生育分布と生息地の環境からモデルを作成し侵入先の環境情報と組み合わせることで，どの地域に定着可能かを推

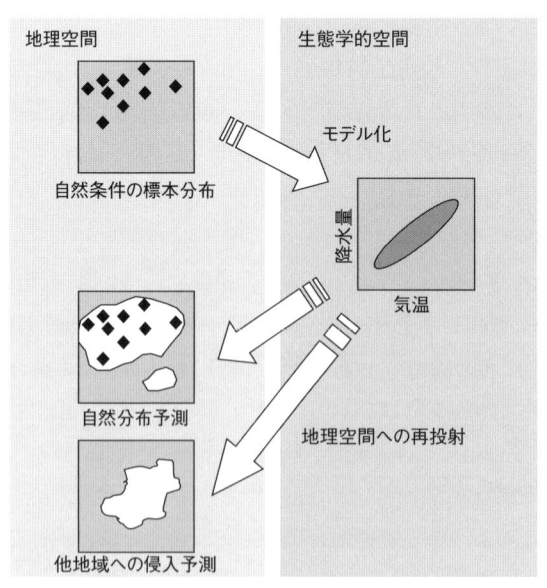

図6-8　生態ニッチモデリングの基本概念．（Peterson, 2003より改変）

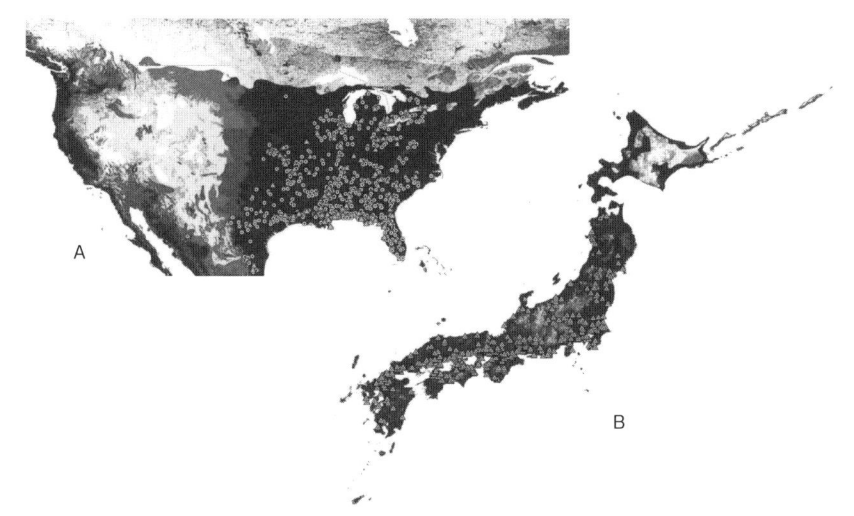

図6-9 オオクチバスの分布予測．A：北米でのオオクチバスの分布（白丸）と分布確率予測（濃い色ほど確率が高い），B：Aの解析結果を日本に投影したオオクチバスの定着確率予測．日本ですでに侵入している水域（白三角）と定着確率予測（濃い色ほど確率が高い）．(Iguchia et al., 2004より)

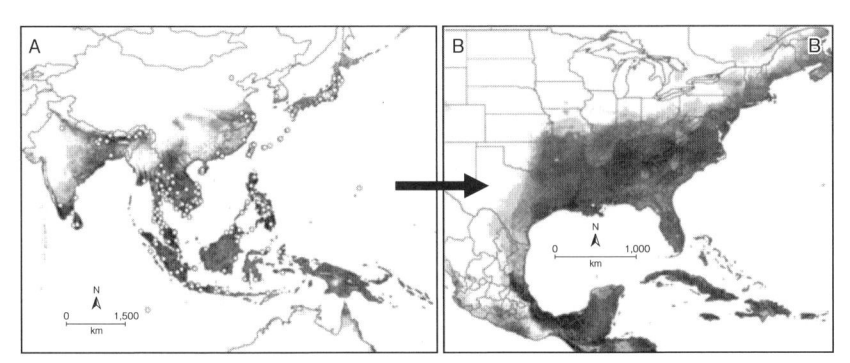

図6-10 ヒトスジシマカの分布モデリング．A：原産地のアジアでの分布確率推定，B：北米での侵入予測．(Medley, 2010より)

定することは，防除策を策定する際に役立つ．実際に日本でのバス類の定着可能範囲の推定などが行われている（図6-9；Iguchia et al., 2004）．また，米国では，蚊と鳥の分布予測から西ナイル熱のウィルスの拡散予測が行われていて（図6-10；Medley, 2010），鳥インフルエンザなど，新たな病原菌やウィルスの野生生物による媒介予測などにも利用されつつある．

Box-8 地球規模生物多様性情報機構

　生物多様性の劣化が地球規模の環境問題としてとらえられるようになり，OECDのメガサイエンス・フォーラムでは，生物多様性の持続的利用のためには，生物多様性情報の利用が不可欠との認識が示された．しかし，当時はこれらの情報へのアクセスが困難であり，情報の集積と提供のための国際機関が必要であるという勧告を行った．地球規模生物多様性情報機構 Global Biodiversity Information Facility (GBIF) は，このような要望に応え，自然科学や社会科学研究，さらには持続可能な社会創生のために使用する生物多様性情報の集積・共有とそれらへの自由なアクセスと利用促進を目的として設立された国際機関である．

　GBIFは，研究や政策決定などの目的に使用する生物多様性情報基盤として機能するように，表B8-1のような活動を行っている．

　2018年現在，GBIFに集積された標本情報・分布情報は約9億8000万件に達し，また，生物種名情報も100万種を超え，実用的なレベルまで到達している．これらのデータはGBIFデータポータルからだれでも利用可能になっている（図B8-1）．このような情報の利用価値が認知され，GEO BONをはじめ，CBD，FAO，UNEP-WCMCなどの機関が，GBIFのインフラを使用して自機関で収集した情報を蓄積し，GBIFのもつほかの情報とあわせて利用し始めている．GEO BONはGBIFと覚書を交わし，GBIFが生物多様性情報を扱う中核機関として認められた．CBDやUNEP-WCMCもGBIFとの覚書を交わし，連携を強めている．FAOはGBIFと連携して農業分野（送粉昆虫）に関する国際プロジェクトを支援している．このような他機関との連携によるシナジー効果により，GBIFの情報の集積は加速され，その重要性はさらに高まると考えられる．

表 B8-1　GBIFの活動．

- 生物多様性情報の集積と提供
  現時点（2018年）での情報（分布情報と生物名）総数は約10億件，ユーザーはGBIFデータポータルからアクセスできる．近い将来に20億件を超える分布情報の提供が目標
- 情報集積・解析ツールの開発
- 生物多様性情報の収集，発信，利用にかかわるソフトウエアの開発，無料で解析や情報管理に使用できるようにする
- 生物多様性情報にかかわる活動の支援と能力開発
- 生物多様性情報発信に関する途上国などへの指導・トレーニング実施

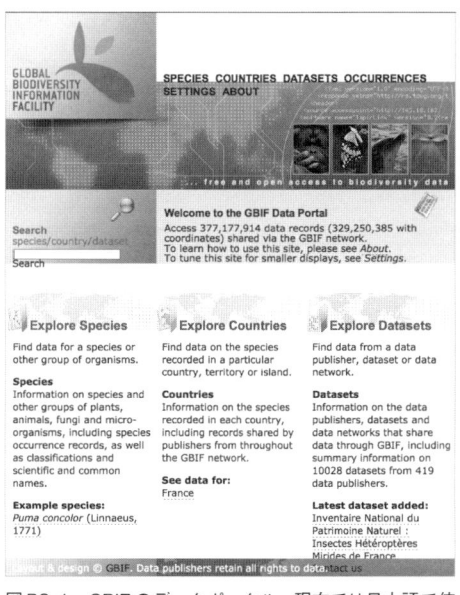

図B8-1 GBIFのデータポータル．現在では日本語で使用可能になっている（http://data.gbif.org）．

（3）文献情報

分類学において，古い文献の必要性はほかの生物学分野に比べ非常に高い．最近の生物学論文は，ともすると10年ほどを経過するとほとんど読まれなくなってしまう消費型論文が多くを占めるが，分類学の論文は，それに比べれば息が長く（cited half-life が長い），とくに種などの原記載はどんなに古いものでも研究に必須である．

このように必要性のある分類学の文献であるが，全地球的にみると，その利用には大きな制限がある．19世紀以前の文献の多くは，欧米のいくつかの図書館で利用可能なだけである．また，開発途上国では，自国の生物相に関する文献が自国の図書館には収蔵されていないということも多くある．

このような状態を改善し，生物多様性関連分野の発展を促すため，生物多様性遺産図書館（Biodiversity Heritage Library；BHL；http://www.biodiversitylibrary.org/）という国際コンソーシアムがつくられた．BHLでは，13万7000タ

イトル,約5400万ページがデジタル化され,インターネット経由で閲覧とダウンロードが可能になっている(2012年現在).

BHLは,米国のミズーリ植物園を中心に活動を展開してきたが,BHL-欧州プロジェクト所属の28機関,中国科学院,アトラス・オブ・リビング・オーストラリアなどが参加している.残念ながら,日本からの参加機関はまだない状況である.

BHLでは,生物名称インデックスであるuBioが提供するタクソンファインダーサービスを利用することで,学名をキーとした検索を実施でき,その学名が載っている文献およびそのページを参照することが可能になっている(図6-7Bを参照).

(4) 種情報

種情報とは,各生物種の特性のうち,種名や標本・観察情報などの1次情報以外の情報や,1次情報を集約・要約した情報(たとえば,標本や観察による分布位置をまとめ,分布域とした情報など)を指す.おもに形態などの記述,生態,生理的特徴,分布域,分子情報,写真や図,動画など多岐にわたる.このため,特性ごとに異なるプロジェクトや機関で集約されることが多く,必然的に異なるデータ形式でまとめられている傾向が非常に強い.ある種に関する種情報を扱うためには,GBIFやBHLといった集約的な情報源を利用することはむずかしく,個別情報源からの収集と要約が必要となる.インターネットの発展にともない,種情報のWEB上での公開は進んできているため,これら利用可能な複数のコンテンツ(HTMLデータやデータベースなど)から情報を取得し,組み合わせることで統合情報をつくりだすことができる.こうした複数のコンテンツを動的に組み合わせる手法をマッシュアップ(Box-9参照)とよぶ.

具体的なマッシュアップによる種情報整備の例としては,国際的な種情報カタログであるエンサイクロペディア・オブ・ライフ Encyclopedia of Life(EOL; http://eol.org/)がある(図6-7Cを参照).EOLでは,前出のCatalog of Lifeの学名情報を使い,各種のページをつくっている.これらのページに,対象種に関する分類学上の基本情報や形態,記載,分布域,ハビタット,生活史,行動,遺伝子,保全,文献,写真,動画などのさまざまな情報が提携サイトやデータベースから取得・集約されている(GBIFやMorphbank,IUCN,Flickrなどの

Box-9 マッシュアップ

　提供元が異なる複数のコンテンツやサービスを組み合わせ，新しいサービスをつくりあげるIT技術をマッシュアップという．もともとは音楽用語であり，複数の音源を組み合わせて新たな楽曲を作成することを指していたが，現在では，インターネットのウェブ上で行われている，ネット上の複数の異なる情報源から情報を集めて，1つのウェブページに表示して，多様な情報を統合してみられるようにする仕組みに対しても用いられている．

　マッシュアップによる生物多様性情報サービスには，Encyclopeida of Life や GBIF オランダのポータルサイトなどがあり，生物種名をキーにして名前の情報や，記載，写真，分布情報などを半自動的に取得・要約して種情報ページとして提供している（図 B9-1）．

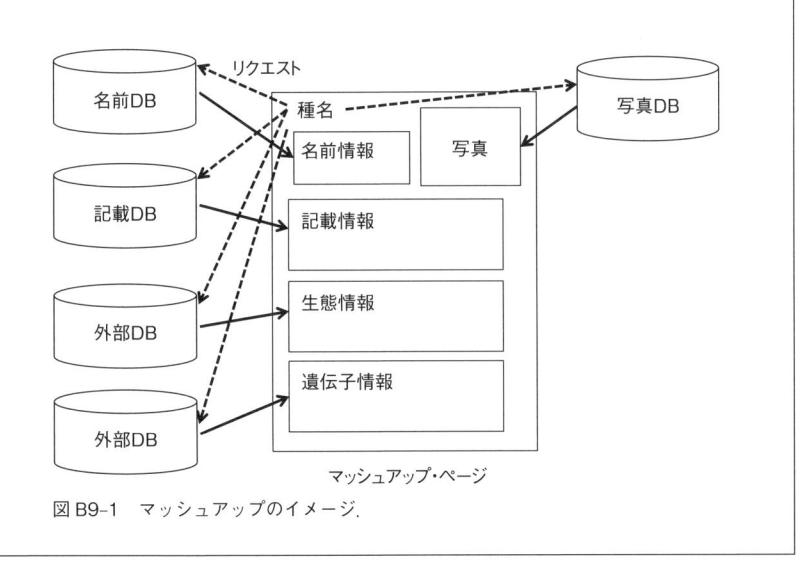

図 B9-1　マッシュアップのイメージ．

コンテンツが利用されている）．種によっては，このように追加されている情報を管理する責任者が存在するものもある．

(5) メタデータ・データベース

　メタデータとは，ある対象（ここではデータセットやそれを格納したデータベース）に関して，その特徴や属性を記述したデータのことである．具体的に

は，データセットの所有者や連絡先，対象生物群や地域，調査方法や期間，測定項目，現在の公開状況や今後の公開可能性などから構成されている．こうしたあるルールに従って記述したメタデータを集めたものが，メタデータ・データベースである．メタデータ・データベースに収容されているものは，実際の標本や観察データといった生物多様性情報そのものではないが，ユーザーが必要な情報がどこにあるかを探すのに役に立ち，加えてあるデータセットとほかのデータセットがどのような関係にあるかの手がかりも示している．

図書館情報学の分野ではメタデータの扱いが非常に進んでおり，書誌情報として整備されている．対象が文書であれば，著者名や表題，発表年月日などのほか，関連キーワードなどを含めるのが一般的である．

分類学の分野で標準的に使われるメタデータの形式はまだ標準化されていないが，学名，地名や生育環境など，検索に必要な項目はある程度標準化できそうである．現在，生物多様性情報のメタデータの標準化は，TDWGで進行中である．

生物多様性情報と関連するメタデータ形式としては，生態系情報のメタデータを記述するものとして Ecological Metadata Language (EML) がある．EMLは，アメリカの国立生態系分析統合センター (NCEAS) で開発され，同センターとアメリカの長期生態学研究ネットワーク (LTER) の支援のもと，EMLプロジェクトというコミュニティで改良が進められてきた．おもに上記 LTER を中心とした国際長期生態学研究ネットワーク (ILTER) において，データセット記述のために利用されており，生態系情報メタデータの標準となっている．現在，GBIF においても，ILTER や GEO BON と連携のうえで，この EML を生物多様性情報メタデータの標準として採用し，GBIF メタデータプロファイルの整備作業を進めている．

おわりに

　本書の執筆のお誘いを東京大学出版会編集部の光明義文さんからいただいたのは2007年である．本書と同じ東京大学出版会からの姉妹書となる『動物分類学』の出版は2009年であり，遅れること4年となってしまった．
　私が植物分類学と出会ったのは，1977年に京都大学理学部植物学教室の植物分類学研究室での卒業研究で配属されたときである．「はじめに」でも触れたが，当時は分子生物学が生物学の主流になりつつある時代で，分類学はどちらかというと古い分野という認識をされていた人がまわりにも多かったと思う．卒業研究では，イヌタデ属の中の小さなグループの分類学的再検討を行ったが，大学院に進んでからは，オーソドックスな分類学ではなく，スイレン類の花を中心とした比較形態による系統学的な研究を行って学位論文とした．本書を執筆するにあたり，その資料も引っ張り出して一部が例として引用もしてある．当時は植物分類学でも従来の標本を中心とした分類学から，生の植物を使い，生態・生理的な観察や実験を行うバイオシステマティックスや系統推定法の発展，あるいは化学成分やタンパク質を用いた手法が使用されるようになってきた．国内においてもバイオシステマティックスの研究手法を大きく取り入れ，分類学と生態学との融合を目指して「植物実験分類学シンポジウム」（後の種生物学会）が企画され，分類学も大きく変化していった時代である．
　本書では，狭い意味での植物分類学ではなく，上記のような植物分類学関連分野での研究内容を含めて紹介した．20世紀の最後の10年からは分子生物学の技術的発達により，系統推定や種内の遺伝的構造の解明など，（広い意味の）分類学においても積極的に分子データが利用されるようになってきた．これらの研究例もできる限り多く紹介したつもりである．さらに，21世紀になって情報学が進み，「ビッグデータ」を活用し情報学的手法を採用した生物多様性情報学という新たな枠組みもできつつある．本書の第6章では，分類学の情報学的側面を紹介することにより，急速に発展しつつある生物多様性情報学の紹介を

試みたつもりである．

　私が野生植物に興味をもったのは，高校生のときに生物クラブに所属して，野山の植物をみてまわったのが原点となっている．当時は高度成長期で開発が進み，植物の生育環境も減ってきていたが，少し郊外へ出かければ四季折々の花をみることができた時代であった．現在の野生植物の置かれている現状はたいへんきびしく，国内の維管束植物の約4分の1が絶滅の危機に瀕しているとしてレッドデータブックに載るような状況になっている．このような時代に，少しでも多くの方に植物をはじめとした自然に親しみ，生物多様性とその分類に興味をもっていただく助けに本書が役立つなら望外の喜びである．

　最後に，本書を執筆するに至るまでには多くの方にお世話になった．京都大学理学部の植物分類学研究室に在籍中は，岩槻邦男先生をはじめとする研究室の諸先生には分類学の基礎を教えていただいた．研究室の先輩・後輩方には，これからの分類学をどのように発展していったらよいかについての議論を通じて鍛えていただいた．関連分野の皆様にも日頃の研究活動を通じてお世話になった．また，上原浩一博士，副島顕子博士，倉島治氏，加藤俊英博士には本書の草稿を読んでいただきご意見をいただいた．さらに，東京大学出版会編集部の光明義文さんには，最初から最後までたいへんお世話になった．光明さんの辛抱強い励ましとサポートなしには本書は完成しなかったであろう．厚くお礼を申し上げる．

さらに学びたい人へ

戸部博・田村実（編），2012．『新しい植物分類学 1, 2』，講談社，東京．
　日本植物分類学会が監修した，第一線の研究者により，最新の研究成果をその背景や研究法を交えて解説した本である．実際の植物分類学の研究がどのように行われ，どのような成果が得られているかを知るために役立つ 2 冊である．

三中信宏，1997．『生物系統学』，東京大学出版会，東京．
直海俊一郎，2002．『生物体系学』，東京大学出版会，東京．
　この 2 冊は，それぞれ生物の系統学と体系学を概観した教科書であり，各分野の学習に役立つ良書であるが，とくに，生物の分類学が博物学からどのように変遷してきたかをみていくのに参考になるのでお勧めである．

根井正利・S. クマー，2000（翻訳 2006）．『分子進化と分子系統学』，培風館，東京．
　第 4 章で紹介した分子系統学に関する教科書であり，分子進化の原理から，変異や系統の解析法について解説したものである．生物の系統解析において現在では標準となっている分子情報を用いた手法を学ぶには，よい入門書である．

エイビス，J. C.，2008．『生物系統地理学——種の進化を探る』，東京大学出版会，東京．
　第 5 章で紹介した系統地理学の教科書である．系統地理学をつくりあげてきた研究者による著作であり，系統地理学に興味をもった読者にお勧めである．原著は 2000 年の出版であり，分子データ技術に関しては多少古くなったところもあるが，解説されている内容は今でも十分に教科書として役立つものである．

松浦啓一，2009．『動物分類学』，東京大学出版会，東京．

　本書と同じ目的で書かれた動物の分類学の入門書である．著者は現在の日本を代表する魚類分類学者の1人であり，魚を例にした解説が多いが，植物とは多少異なる動物における分類学の現状を学習するのにお勧めである．生物全体の分類学を概観する目的からも，こちらの本も参考にしていただきたい．

伊藤元己，2012．『植物の系統と進化』（新・生命科学シリーズ），裳華房，東京．

　本書は植物の分類学を中心に解説したが，植物の進化の道筋，すなわち系統進化について，陸上植物がどのような進化をたどりどのような特徴をもっているかを解説した本である．自著で恐縮だが，本書と相補的な構成になっているので，植物の進化に興味のある方はこちらの本も参考にしてもらいたい．

引用文献

[第1章]

Hennig, W. 1950. Grundzüge einer Theorie der phylogenetischen Systematik, Berlin: Deutscher Zentralverlag (Phylogenetic Systematics, translated by D. Davis and R. Zangerl, Urbana: University of Illinois Press, 1966).
北村四郎・村田源・堀勝. 1957. 原色日本植物図鑑 草本編 I. 保育社, 東京.
Linnaeus, C. 1758. Systema naturae per regna tria naturae: secundum classes, ordines, genera, species, cum characteribus, differentiis, synonymis, locis. Stockholm: Laurentius Salvius.
三中信宏. 1997. 生物系統学. 東京大学出版会, 東京.
森田龍義. 1978. 日本産タンポポ属2倍体の変異と分類. 種生物学研究, (2): 21-34.
Morita, T. 1995. Genus *Taraxacum*, Flora of Japan IIIc. Kodansha, Tokyo.
Ohba, H. 2001. Genus Flora of Japan IIIa. Kodansha, Tokyo.
Sakai, S. and H. Nagamasu. 2009. Systematic studies of Bornean Zingiberaceae VI. Three new species of *Boesenbergia* (Zingiberaceae). Acta Phytotaxonomica et Geobotanica, 60: 47-55.

[第2章]

Boldwin, B. G. 2003. A phylogenetic perspective on the origin and evolution of Madiinae. *In* S. Carlquist *et al.* eds., "Tarweeds and Silverswords", pp. 193-228, Missouri Botanical Garden Press, St. Louis.
Crawford, D. J. 1983. Phylogenetic and systematic inferences from electrophoretic studies. *In* S. D. Tanksley and T. J. Orton eds., "Isozymes in Plant Genetics and Breeding, Part A", pp. 257-287, Elsever, New York.
Gottlieb, L. D. 1981. Electrophoretic evidence and plant populations. Progress of Phytochemistry, 7: 1-45.
Helenurm, K. and F. R. Ganders. 1985. Adaptative radiation and genetic differentiation in Hawaiian *Bidens*. Evolution, 39: 753-765.
保谷彰彦. 2010. 雑種タンポポの進化. 種生物学会編『外来生物の生態学』pp. 217-246, 文一総合出版, 東京.
Huziwara, Y. 1957. Karyotype analysis in some genera of Compositae III. The karyotype of *Aster ageratoides* group. American Journal of Botany, 44: 783-790.
Ito, M. and M. Ono. 1990. Allozyme diversity and the evolution of *Crepidiastrum* (Com-

positae) on the Bonin (Ogasawara) Islands. Botanical Magazine of Tokyo, 103: 449-459.

Kawahara, T., T. Yahara and K. Watanabe. 1989. Distribution of sexual and agamospermous populations of *Eupatorium* (Compositae) in Asia. Plant Species Biology, 4: 37-46.

栗田子郎．1998．ヒガンバナの博物誌．研成社，東京．

Lowrey, T. K. and D. J. Crawford. 1985. Allozyme diversity and evolution in *Tetramolopium* (Compositae: Astereae) on the Hawaiian Islands. Systematic Botany, 10: 64-72.

Mayr, E. 1942. Systematics and the Origin of Species. Columbia University Press, New York.

モリス，サイモン・コンウェイ．1997．カンブリア紀の怪物たち．講談社，東京．

Nei, M. 1987. Molecular Evolutionary Genetics. Columbia University Press, New York (日本語訳: 根井正利．分子進化遺伝学．培風館，東京，1990).

小野幹雄・小林純子．1985．小笠原の固有植物と植生．アボック社，東京．

Ownbey, M. 1950. Natural hybridization and amphiploidy in the genus *Tragopogon*. American Journal of Botany, 37: 487-499.

Rieseberg, L. H. 1991. Homoploid reticulate evolution in *Helianthus*: evidence from ribosomal genes. American Journal of Botany, 778: 1218-1237.

Soltis, D. E. and P. S. Soltis. 1989. Allopolyploid speciation in *Tragopogon*: insights from chloroplast DNA. American Journal of Botany, 76: 1119-1124.

鈴木和雄．1990．日本のイカリソウ——起源と種分化．八坂書房，東京．

Tara, M. 1973. Cytogenetic studies on natural intergeneric hybridization in *Aster* alliances III. Natural hybrid *Aster ageratoides* subsp. *leiophyllus* ($2n=36$) × *A. ageratoides* subsp. *ovatus* ($2n=36$). Journal of Science of Hiroshima University, Ser. B, Div. 2, 14(3): 141-164.

Templeton, A. R. 1989. The meaning of species and speciation: a genetic perspective. *In* D. Otte and J. A. Endler eds., "Speciation and its Consequences", pp. 159-183, Sinauer Associates, Sunderland.

Usukura, M., R. Imaichi and K. Kato. 1994. Leaf morphology of a facultative rheophyte, *Farfugium japonicum* var. *luchuense* (Compositae). Journal of Plant Research, 107: 263-267.

Wagner, W. L., D. R. Herbst and S. H. Sohmer. 1990. Manual of the Flowering Plants of Hawaii, Vol. 1, 2. University of Hawaii Press, Honolulu.

ワイナー，ジョナサン．2001．フィンチの嘴．早川書房，東京．

Witter, M. S. and G. D. Carr. 1988. Adaptative radiation and genetic differentiation in the Hawaiian silversword alliance (Compositae: Madiinae). Evolution, 42: 1278-1287.

[第3章]

Hennig, W. 1950. Grundzüge einer Theorie der phylogenetischen Systematik, Berlin:

Deutscher Zentralverlag (Phylogenetic Systematics, translated by D. Davis and R. Zangerl, Urbana: University of Illinois Press, 1966).

Ito, M. 1987. Phylogenetic systematics of the Nymphaeales. Botanical Magazine of Tokyo, 100: 17-35.

三中信宏．1997．生物系統学．東京大学出版会，東京．

根井正利・S. クマー．2006．分子進化と分子系統学．培風館，東京．

Weily, E. O. 1981. Phylogenetics: The Theory and Practice of Phylogenetic Systematics. Wiley, New York.

[第4章]

Aoki, S., K. Uehara, M. Imafuku, M. Hasebe and M. Ito. 2004. Phylogeny and divergence of basal angiosperms inferred from *APETALA3*- and *PISTILLATA*-like MADS-box genes. Journal of Plant Research, 117(3): 229-244.

APG. 1998. An ordinal classification for the families of flowering plants. Annals of the Missouri Botanical Garden, 85: 531-553.

APG. 2003. An update of the Angiosperm Phylogeny Group classification for the orders and families of flowering plants: APG II. Botanical Journal of Linnean Society, 141: 399-436.

APG. 2009. An update of the Angiosperm Phylogeny Group classification for the orders and families of flowering plants: APG III. Botanical Journal of Linnean Society, 161: 105-121.

Chase, M. W. *et al.* 1993. Phylogenetics of seed plants: an analysis of nucleotide sequences from the plastid gene *rbcL*. Annals of the Missouri Botanical Garden, 80: 528-580.

Cronquist, A. 1981. An Integrated System of Classification of Flowering Plants. Columbia University Press, New York.

Dilcher, D. L. and P. R. Crane. 1984. *Archaeanthus*: an early angiosperm from the Cenomanian of the western interior of North America. Annals of the Missouri Botanical Garden, 71: 351-383.

Doyle, J. A. 2008. Integrating molecular phylogenetic and paleobotanical evidence on origin of the flower. International Journal of Plant Sciences, 169(7): 816-843.

Eames, A. J. 1961. Morphology of the Angiosperms. McGraw-Hill, New York.

Melchior, M. 1964. Engler's Syllabus der Pflanzenfamilien, Vol. 2. Gebrüder Borntraeger, Berlin.

Olmstead, R. G., C. W. dePamphilis, A. D. Wolfe, A. D. Young, W. J. Elisons and P. A. Reeves. 2001. Disintegration of the Scrophulariaceae. American Journal of Botany, 88: 348-361.

Soltis, P. S., D. E. Soltis and M. W. Chase. 1999. Angiosperm phylogeny inferred from multiple genes as a tool for comparative biology. Nature, 402: 402-404.

Sun, G., D. L. Dilcher, S. Zhen and Z. Zhou. 1998. In search of the first flower: a Jurassic angiosperm, *Archaefructus*, from northeast China. Science, 282: 1692-1695.

Sun, G., Q. Ji, D. L. Dilcher, S. Zheng, K. C. Nixon and X. Wang. 2002. Archaefructaceae, a new basal angiosperm family. Science, 296: 899-904.

Young, N. D., K. E. Steiner and C. W. dePamphilis. 1999. The evolution of parasitism in Scrophulariaceae/Orobanchaceae: plastid gene sequences refute an evolutionary transition series. Annals of the Missouri Botanical Garden, 86: 876-893.

[第5章]

Aoki, S. and M. Ito. 2000. Molecular phylogeny of *Nicotiana* (Solanaceae) based on the nucleotide sequence of the *matK* Gene. Plant Biology, 2: 316-324.

朝川毅守・瀬戸口浩彰. 2001. 化石記録と系統から推定される *Nothofagus* 属 (ナンキョクブナ属, Nothofagaceae) の進化史. 日本分類学会報, 16: 13-28.

Goodspeed, T. H. 1954. The Genus *Nicotiana*: Origins, Relationships, and Evolution of its Species in the Light of Their Distribution, Morphology, and Cytogenetics. Chronica Botanica Co., Waltham.

Hill, R. S. 1995. Conifer origin, evolution and diversification in the Southern Hemisphere. *In* N. J. Enright and R. S. Hill eds., "Ecology of the Southern Conifers", pp. 10-29, Cambridge University Press, Cambridge.

堀田満. 1974. 植物の分布と分化. 三省堂, 東京.

Ito, M., K. Watanabe, Y. Kita, T. Kawahara, D. J. Crawford and T. Yahara. 2000. Phylogeny and phytogeography of *Eupatorium* (Eupatorieae, Asteraceae): insights from sequence data of the nrDNA ITS Regions and cpDNA RFLP. Journal of Plant Research, 133: 79-89.

Jones, W. G., K. D. Hill and J. M. Allen. 1995. *Wollemia nobilis*, a new living Australian genus and species in the Araucariaceae. Telopea, 6 (2-3): 173-176.

川床邦夫. 1998. タバコ属植物を探して. 農業および園芸, 73: 72-76.

吉良竜夫. 1948. 温量指数による垂直な気候帯のわかちかたについて. 寒地農学, 2: 143-173.

北村四郎・村田源・堀勝. 1957. 原色日本植物図鑑 草本編 I. 保育社, 東京.

Ohsawa, T., H. Nishida and M. Nishida. 1995. *Yezonia*, a new section of *Araucaria* (Araucariaceae) based on permineralized vegetative and reproductive organs of *A. vulgaris* comb. nov. from the upper Cretaceous of Hokkaido, Japan. Journal of Plant Research, 108: 25-39.

Setoguchi, H., T. Asakawa, T. Osawa, P. Jean-Christophe, J. Tanguy and V. Jean-Marie. 1998. Phylogenetic relationships within Araucariaceae based on *rbcL* gene sequences. American Journal of Botany, 85(11): 1507-1516.

Setoguchi, H., M. Ono, Y. Doi, H. Koyama and M. Tsuda. 1997. Molecular phylogeny of

Nothofagus (Nothofagaceae) based on the *atpB-rbcL* intergenic spacer of the chloroplast DNA. Journal of Plant Research, 110: 469-484.

Stockey, R. A., H. Nishida and M. Nishida. 1994. Upper Cretaceous araucarian cones from Hokkaido and Saghalien: *Araucaria nipponensis* sp. nov. International Journal of Plant Sciences, 155 (1994): 800-809.

Surange, K. R. and S. Chandra. 1975. Morphology of the gymnospermous fructifications of the *Glossopteris* flora. Palaeontographica B, 149: 153-180.

Takhtajan, A. 1969. Flowering Plants: Origin and Dispersal. Oliver & Boyd, Edinburgh.

田中正武. 1975. 栽培植物の起源. 日本放送出版協会, 東京.

[第6章]

CBOL Plant Working Group. 2009. A DNA barcode for land plants. Proceedings of the National Academy of Sciences of the USA, 106: 12794-12797.

Hajibabaei, M., S. Shokralla, X. Zhou, G. A. C. Singer and D. J. Baird 2011. Environmental barcoding: a next-generation sequencing approach for biomonitoring applications using river benthos. PLoS ONE, 6: e17497.

Hebert, P. D. N., A. Cywinska, S. L. Ball and J. R. deWaard. 2003. Biological identifications through DNA barcodes. Proceedings of the Royal Society London B, 270: 313-321.

Hebert, P. D. N., E. H. Penton, J. M. Burns, D. H. Janzen and W. Hallwachs. 2004. Ten species in one: DNA barcoding reveals cryptic species in the neotropical skipper butterfly *Astraptes fulgerator*. Proceedings of the National Academy of Sciences of the USA, 101 (41): 14812-14817.

Iguchia, K. *et al*. 2004. Predicting invasions of North American basses in Japan using native range data and a genetic algorithm. Transactions of the American Fisheries Society, 133: 845-854.

Ito, M. and A. Soejima. 1995. Genus *Aster*, Flora of Japan IIIc. Kodansha, Tokyo.

Kitamura, S. 1937. *Compositae Japonicae: pars prima*. Memoirs of the College Science of University of Kyoto, 13: 1-421.

北村四郎・村田源・堀勝. 1957. 原色日本植物図鑑 草本編 I. 保育社, 東京.

Kress, J. W. 2009. Plant DNA barcodes and a community phylogeny of a tropical forest dynamics plot in Panama. PNAS, 106 (44): 18621-18626.

Medley, K. A. 2010. Niche shifts during the global invasion of the Asian tiger mosquito, *Aedes albopictus* Skuse (Culicidae), revealed by reciprocal distribution models. Global Ecology and Biogeography, 19: 122-133.

Navarro, S. P., J. A. Jurado-Rivera, J. Gomez-Zurita, C. H. C. Lyal and A. P. Vogler. 2010. DNA profiling of host-herbivore interactions in tropical forests. Ecological Entomology, 35: 18-32.

Peterson, T. A. 2003. Predicting the geography of species' invasions via ecological niche modeling. Quarterly Review of Biology, 78: 419–433.

Smith, K. M. et al. 2012. Zoonotic viruses associated with illegally imported wildlife products. PLoS ONE, 7: e29505.

Soininen, E. M. et al. 2009. Analysing diet of small herbivores: the efficiency of DNA barcoding coupled with high-throughput pyrosequencing for deciphering the composition of complex plant mixtures. Frontiers in Zoology, 6: 16.

Tobe, H., H. Shinohara, N. Utami, H. Wiriadinata, D. Girmansyah, K. Oginuma, H. Azuma, T. Kakkuoka, E. Kawaguchi, M. Kono and M. Ito. 2010. Plant diversity on Lombok Island, Indonesia: an approach using DNA barcodes. Acta Phytotaxonomy of Geobotany, 61: 93–108.

Ytow, N., D. R. Morse and D. M. Roberts. 2001. Nomencurator: a nomenclatural history model to handle multiple taxonomic views. Biological Journal of the Linnean Society, 73: 81–98.

[URLs]

ABCD schema: http://www.tdwg.org/activities/abcd/
Biodiversity Heritage Library (BHL): http://www.biodiversitylibrary.org/
Catalog of Life: http://www.catalogueoflife.org/
Darwin Core: http://www.tdwg.org/activities/darwincore/
Encyclopedia of Life (EOL): http://www.eof.org
Global Biodiversity Information Facility (GBIF): http://www.gbif.org
International Barcode of Life (iBOL): http://ibol.org/
Lucid: http://www.lucidcentral.com/
Taxon Concept Schema: http://www.tdwg.org/activities/tnc/tcs-schema-repository/
The International Plant Names Index (IPNI): http://www.ipni.org/
Y-list: http://bean.bio.chiba-u.jp/bgplants/ylist_main.html

索引

ANITA　81
APG分類体系　74
BOLDデータベース　121
*COI*遺伝子　117
Darwin Core　125
DNA塩基配列　59
DNAバーコーディング　117
DNAバーコード　116
GBIF　128
IPNI　123
ITA　81
Jukes-Cantor法　66
Kimuraの2パラメータ法　66
Kimuraの2パラメータモデル　60
Lucid　109
*matK*遺伝子　104, 118
*rbcL*遺伝子　79, 117

ア行

アイソタイプ　11
亜種　7
アゼトウナ属　47
アドレスマッチング　125
アパラチア山脈　93
アライメント　65
アリストテレス　3
アルカエアントス　85
アルカエフルクタス　86
アンボレラ　80
生きた化石　60
異質倍数体　21, 27, 29
異所的種分化　26
遺伝子重複　62
遺伝子プール　19
遺伝的距離　48
遺伝的同一度　43
緯度・経度情報　124
異名　9
インタラクティブ検索表　108
ウォレミマツ属　102
栄養生殖　37

エングラー　71
エンサイクロペディア・オブ・ライフ　130
小笠原諸島　44
オッカムの剃刀　58
オルソロガス遺伝子　62
温量指数　88

カ行

外群　56
階層的分類　7
学名　6
カタログ・オブ・ライフ　123
ガラパゴス諸島　42
環境情報　126
乾湿指数　88
慣用名　6
偽花説　73
キク類　84
キスゲ属　22
既知種　1
基部真正双子葉植物　84
基部被子植物　78
共有原始形質　54
共有派生形質　55
距離行列法　66
銀剣草類　42
近隣接合法　67
クーペリテス　86
クレード　54, 70
グロッソプテリス　98
クロンキスト　73
形態学的種概念　23
系統　50
系統学　3
系統学的種概念　24
系統樹　50
系統地理学　93
系統分類学　2
結合の種概念　24
ケッペンの気候区分　88
検索表　108

向上進化　25
酵素多型分析　40
国際植物命名規約　8
国際バーコード・オブ・ライフ　118
ゴマノハグサ科　77
固有種　44
ゴンドワナ植物群　96
ゴンドワナ大陸　97

サ行

最節約系統樹　68
最節約法　58, 68
最尤法　68
三溝粒　84
識別形質　13
シキミ群　81
事後確率　69
自然の階梯　3
自然の体系　4, 71
種　19
集団　19
種概念　20
種情報　130
種小名　7
受精後障壁　21
受精前障壁　21
種分化　25
ショウブ科　82
情報学　106
食性同定　120
植物区系　90
植物相　88
植物標本庫　106
シロヨメナ　29
シロヨメナ群　115
新エングラー体系　72
進化学的種概念　24
真花説　73
進化分類学　18
真正双子葉植物　83
シンタイプ　12
浸透交雑　36
スイレン科　58
スイレン群　81
数量分類学　18
生殖的隔離　20
生態学的種概念　24

生態的地位　24, 41
生態ニッチモデリング　126
生物学的種概念　20
生物多様性遺産図書館　129
相似　52
相同　52
相同遺伝子　62
相同配列　62
属　7
側系統　54
側所的種分化　27

タ行

体系学　2
第三紀周北極要素　94
タイプ標本　11
大洋島　41
大陸移動説　97
大陸間隔離分布　96
ダーウィン　5
タクソン・コンセプト　110
タクソン・コンセプト・スキーマ　112
多系統　54
タバコ属　102
単系統　54
単溝粒　84
単子葉植物　82
タンポポ　14, 38, 116
地球規模生物多様性情報機構　128
地名辞書　124
地名情報　124
適応放散　41
データ交換スキーマ　125
データベース　106, 107
転移　60
転換　60
同形　53
同質倍数体　27, 28
同所的種分化　26
トベラ属　45

ナ行

内群　56
ナンキョクブナ属　98
ナンヨウスギ科　100
24綱分類　71
日華区系　92

二名法　7
ネオタイプ　12
ノコンギク　32

ハ行

バイオーム　88
倍数性複合体　116
倍数体　28
倍数体複合体　36
バーコード・インデックス番号　121
発見的探索法　68
ハーバリウム　106
バラモンジン属　34
バラ類　84
パラロガス遺伝子　62
バロ・コロラド島　122
ハワイ諸島　42
パンゲア大陸　100
判別文　10
ヒガンバナ　40
被子植物　71
微小種　116
表徴形質　111
ヒヨドリバナ属　95
品種　7
複2倍体　29
ブッシュミート　120
ブートストラップ法　70
分岐学　53
分岐進化　25, 50
分岐図　54
分岐年代推定　105
分岐分類学　17
分子系統学　59
分子系統樹　63
分布境界　90

分類学　2
分類群　7
分類対象群　18
平均距離法　67
平行進化　52
ベイズ法　69
ヘニッヒ　17, 53
ベネチテス目　73
変異　12
変種　7
母性遺伝　119
ホロタイプ　11

マ行

マッシュアップ　130
マツモ　79
無性生殖　37
無融合生殖　38, 116
メタデータ　131
メタデータ・データベース　132
モクレン群　82

ヤ行

尤度　68
ユキノシタ科　76
ユリ科　76
葉緑体DNA　78

ラ行

リュウキュウツワブキ　27
リンネ　4, 71
ルビスコタンパク質　79
レクトタイプ　11

ワ行

和名　115

著者略歴

伊藤元己（いとう・もとみ）

1956 年　名古屋市に生まれる．
1978 年　京都大学理学部卒業．
1987 年　京都大学大学院理学研究科博士課程修了．
　　　　東京都立大学理学部助手，千葉大学理学部助教授などを経て，
現　在　東京大学大学院総合文化研究科教授，理学博士．
専　門　植物分類学．
主　著　『植物の自然史』（共著，1994 年，北海道大学出版会），『多様性の植物学 ① 植物の世界』（共著，2000 年，東京大学出版会），『植物の系統と進化』（2012 年，裳華房）ほか．

植物分類学

　　　　2013 年 3 月 25 日　初　版
　　　　2018 年 6 月 15 日　第 3 刷

［検印廃止］

著　者　伊藤元己

発行所　一般財団法人　東京大学出版会
　　　　代表者　吉見俊哉
　　　　153-0041　東京都目黒区駒場 4-5-29
　　　　電話 03-6407-1069　Fax 03-6407-1991
　　　　振替 00160-6-59964

印刷所　研究社印刷株式会社
製本所　誠製本株式会社

© 2013 Motomi Ito
ISBN 978-4-13-062221-9　Printed in Japan

JCOPY〈(社)出版者著作権管理機構　委託出版物〉
本書の無断複写は著作権法上での例外を除き禁じられています．複写される場合は，そのつど事前に，(社)出版者著作権管理機構（電話 03-3513-6969，FAX 03-3513-6979，e-mail:info@jcopy.or.jp）の許諾を得てください．

冨士田裕子
湿原の植物誌 ——A5判/256頁/4400円
北海道のフィールドから

西田治文
化石の植物学 ——A5判/308頁/4800円
時空を旅する自然史

崎尾均
水辺の樹木誌 ——A5判/260頁/4400円

松浦啓一
動物分類学 ——A5判/152頁/2400円

三中信宏
生物系統学 ——A5判/480頁/5800円

ジョン・C・エイビス／西田睦・武藤文人監訳
生物系統地理学 ——B5判/320頁/7600円
種の進化を探る

ここに表示された価格は本体価格です．ご購入の際には消費税が加算されますのでご了承ください．